水利水电建筑工程高水平专业群工作手册式系列教材

安全监测实训

主　编　杨春景
主　审　白宏洁

中国水利水电出版社
www.waterpub.com.cn
·北京·

内 容 提 要

本书根据高职院校专业特点，分项目介绍了水利工程安全监测的内容，包括安全监测仪器原理，依据的规范，仪器的现场安装和操作，以及监测数据的计算与分析等。

本书作为高职院校相关专业的水利工程安全监测实训课程教材，能够让学生学习和掌握水利工程安全监测常用仪器的使用和数据处理等基础知识。

图书在版编目（CIP）数据

安全监测实训 / 杨春景主编. -- 北京 : 中国水利水电出版社, 2022.5
水利水电建筑工程高水平专业群工作手册式系列教材
ISBN 978-7-5226-0736-8

Ⅰ. ①安… Ⅱ. ①杨… Ⅲ. ①水利工程－安全监测－高等职业教育－教材 Ⅳ. ①TV5

中国版本图书馆CIP数据核字(2022)第089283号

书　　名	水利水电建筑工程高水平专业群工作手册式系列教材 **安全监测实训** ANQUAN JIANCE SHIXUN
作　　者	主编　杨春景 主审　白宏洁
出版发行	中国水利水电出版社 （北京市海淀区玉渊潭南路1号D座　100038） 网址：www. waterpub. com. cn E - mail：sales@mwr. gov. cn 电话：（010）68545888（营销中心）
经　　售	北京科水图书销售有限公司 电话：（010）68545874、63202643 全国各地新华书店和相关出版物销售网点
排　　版	中国水利水电出版社微机排版中心
印　　刷	天津嘉恒印务有限公司
规　　格	184mm×260mm　16开本　3.75印张　91千字
版　　次	2022年5月第1版　2022年5月第1次印刷
印　　数	0001—2000册
定　　价	**16.00**元

前言

由于自然因素错综复杂，即使水工建筑物的安全度较高，在长期的运行中，由于工作条件的改变，其工作状态也随时会发生变化。正常的变化对建筑物的安全影响不大，但异常的变化若不及时发现和采取措施，将导致工程的破坏。

事物的发展必然有一个从量变到质变的过程。水利工程实践也表明，绝大多数水工建筑物发生破坏，总是有预兆的。即使建筑物存在某些缺陷，只要认真细致地检查与分析，及时发现工程缺陷并采取有效措施，就能把事故消灭在萌芽状态，从而确保工程的安全运用。

通过对水工建筑物的观测，可监测大坝在施工期的变化，反映施工质量并为后继施工提供信息。对水工建筑物进行检查观测具有十分重要的意义，其主要作用大致可归纳为以下三个方面：

(1) 确保工程安全。通过检查观测掌握建筑物状态变化，能及时发现异常并采取加固补强措施，确保工程安全运用。

(2) 充分发挥工程效益。通过检查观测，判定建筑物在各种运用条件下的安全程度，以便在确保建筑物安全的前提下，充分发挥工程效益。

(3) 反馈工程设计，提高设计水平。通过检查观测可以验证设计中所用公式和参数的正确性，从而提高设计水平。

本书编写人员及分工如下：黄河水利职业技术学院杨春景编写项目1～项目6，黄河水利职业技术学院曹京京编写项目7～项目9，云南云水工程技术检测有限公司张静静编写项目10～项目12。全书由杨春景担任主编，曹京京、张静静担任副主编，由黄河水利职业技术学院白宏洁担任主审。

书中若有错误或不当之处，恳请读者批评指正。

编者

2022年3月

目　录

项目1　课前准备——监测仪器

1.1　差动电阻式传感器

1.1.1　仪器原理

差动电阻式传感器习惯上称卡尔逊式仪器。在仪器内部绕着电阻值相近的直径仅为0.04～0.06mm的电阻钢丝 R_1 和 R_2，这种仪器利用张紧在仪器内部的弹性钢丝作为传感元件，将仪器受到的物理量转变为模拟量。差动电阻式传感器原理如图1.1所示。

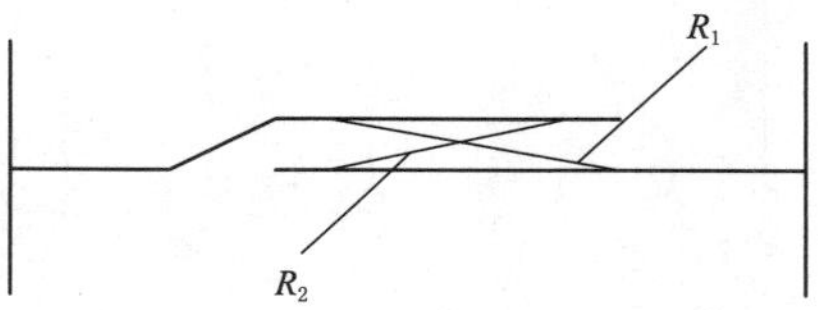

图1.1　差动电阻式传感器原理图

钢丝受到拉力作用而产生弹性变形，其变形与电阻变化之间有如下关系式：

$$\frac{\Delta R}{R}=\lambda\frac{\Delta L}{L} \tag{1.1}$$

式中　R——钢丝电阻，Ω；

ΔR——钢丝电阻变化量，Ω；

L——钢丝长度，mm；

ΔL——钢丝长度变化量，mm；

λ——钢丝电阻应变灵敏系数。

利用式（1.1），可通过测定电阻变化来求得仪器承受的变形。此外，仪器电阻值随温度变化，一般在－50～100℃范围内，可按下式表示：

$$\left.\begin{aligned}&R_T=R_0(1+\alpha T+\beta T^2)=R_0+\frac{T}{a'}\\&T=a'(R_T-R_0)\end{aligned}\right\} \tag{1.2}$$

式中　T——温度，℃；

R_0、R_T——0℃和 T℃时仪器电阻，Ω；

α、β——钢丝电阻一次与二次温度系数，一般取 2.89×10^{-3} 及 2.2×10^{-6}，1/℃；

a'——0℃以上时的温度系数，℃/Ω。

1.1.2　仪器结构

由上述可知，在仪器的观测数据中，包含着由外力作用引起的仪器电阻比变化量和由温度变化引起的仪器温度变化量两种因数。差动电阻式传感器基于上述原理，利用弹性钢丝在力的作用和温度变化下的特性设计而成。仪器内两方型铁杆上安装两对园瓷子（也可以是一对园瓷子和一对半园瓷子），把有一定张力的两根钢丝绕在两对瓷子上。当仪器受到外力变形时，一组钢丝受拉，一组钢丝受压，两组钢丝电阻 R_1、R_2，分别用黑、红、白三芯电缆引出，差阻式仪器三芯接线如图 1.2 所示。

1.1.3　测量

差动电阻式传感器的内阻较低，在 60～80Ω 之间。因此，仪器电缆的芯线电阻或芯线接触电阻变差等会给测量带来较大误差。我国发明了利用恒流源技术，用五芯电缆接法测量仪器电阻、电阻比的方法，消除了导线电阻及其变化对测值的影响，为仪器实现远距离自动化精确测量创造了条件。差阻式仪器五芯接线如图 1.3 所示。

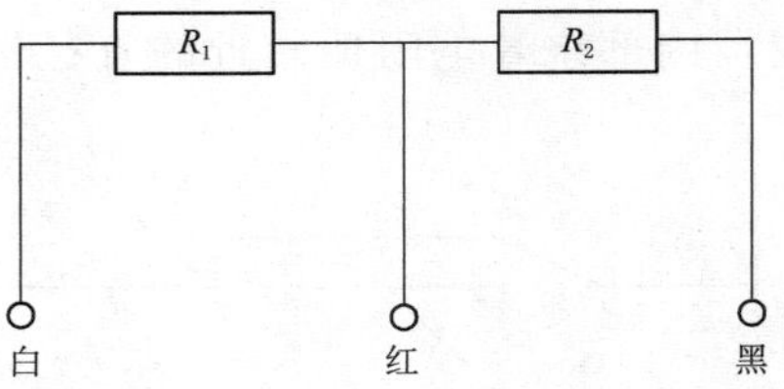

图 1.2　差阻式仪器三芯接线

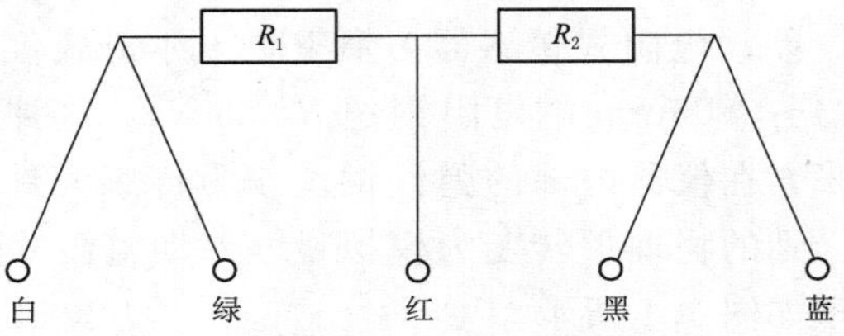

图 1.3　差阻式仪器五芯接线

1.1.4　特点及注意事项

该类仪器有稳定可靠，并能兼测温度，在高水压下也可以长期可靠地工作等优点。差动电阻式传感器内的高强钢丝直径一般为 0.04～0.06mm，钢丝极限强度一般为 3000MPa。因仪器为两组钢丝差动变化，需先对钢丝预加 250～470g 的张力（对 0.05mm 的仪器钢丝而言，在不工作的状态下，钢丝所受张力为 1300～2400MPa），所以该类仪器不耐震，更不能碰撞。

在仪器率定及安装埋设过程中必须注意，否则极易造成仪器钢丝损坏而失效。由于仪器钢丝工作在高应力状态，所以仪器的超载能力差，现场率定时一定注意。另外，现场仪器电缆接长时接头处理不好或电缆绝缘下降都会对测量结果造成影响。

1.2　振弦式传感器

1.2.1　仪器原理

振弦式仪器中的关键部件为一张紧的钢弦，它与传感器受力部件连接固定，利用钢弦的自振频率与钢弦所受到的外加张力关系式测得各种物理量。钢弦式仪器原理图如图 1.4 所示。

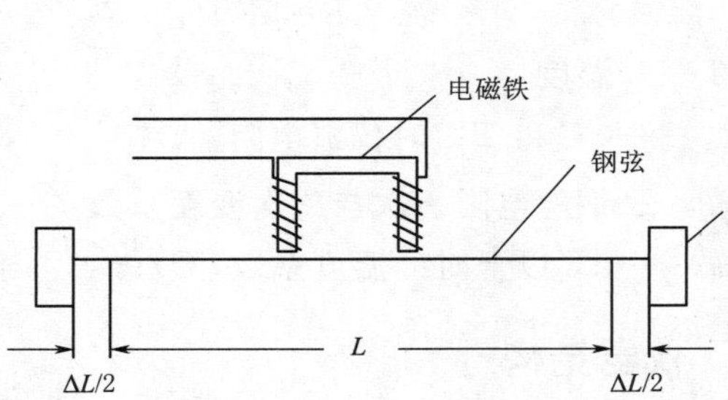

图 1.4　钢弦式仪器原理图

钢弦自振频率与钢弦所受应力的关系式为

$$f=\frac{1}{2L}\sqrt{\frac{\sigma}{\rho}} \tag{1.3}$$

式中 f——钢弦自振频率，Hz；

L——钢弦长度，mm；

σ——钢弦所受的应力，MPa；

ρ——钢弦材料的密度，g/cm^3。

若以钢丝的应变表示，其式（1.3）可转换为

$$f=\frac{1}{2L}\sqrt{\frac{E\varepsilon}{\rho}} \tag{1.4}$$

式中 E——钢弦材料的弹性模量，MPa；

ε——钢弦的应变。

故而有：

$$\varepsilon=\frac{4L^2f^2\rho}{E} \tag{1.5}$$

当仪器材料、钢丝长度确定后，$K=4L^2\rho/E$ 为常数，所以弦式仪器所测应变量与弦的自振频率的平方呈线性关系。由于钢弦式传感器的钢弦是在一定初始应力下张紧，其初始自振频率为 f_0，发生应力变化后的自振频率为 f，可得出下式：

$$\varepsilon=K(f^2-f_0{}^2) \tag{1.6}$$

为方便起见，一般用频率模数 F 表示弦式仪器的输出量，$F=f^2/1000$。

1.2.2 仪器结构

弦式应变计由外壳、电磁线圈、一个张紧的钢弦、两端的夹线器等组成。钢弦式仪器基本构造如图 1.5 所示。

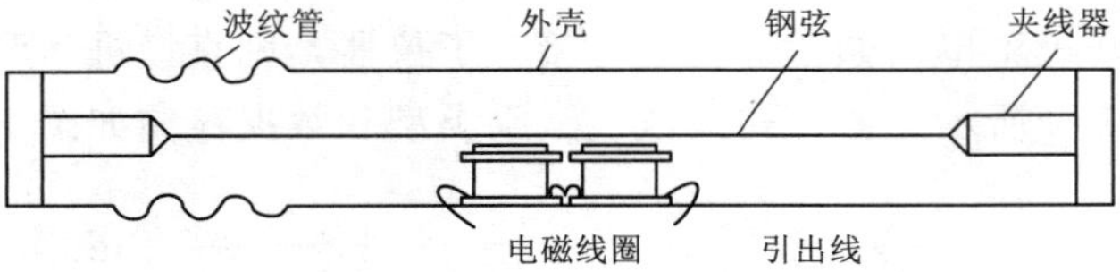

图 1.5 钢弦式仪器基本构造

1.2.3 测量

测量系统主要由振弦式传感器、激振电路、检测电路、微控制器控制、测频电路等组成。激振电路采用扫频激振技术，当激振频率和传感器振弦的固有频率接近时，钢弦能迅速达到共振状态。当激振信号撤去后，弦由于惯性作用仍然作衰减振荡。振动产生的感应信号通过检测电路滤波、放大、整形成脉冲信号送到微控制器，微控制器通过测量脉冲信号的周期或频率，即可测得传感器的振动频率。

1.2.4 特点

振弦式传感器的特点：长期测量稳定可靠，能够实现自动化测量，长电缆传输可靠，电缆绝缘要求低，其传送信号为频率，和电阻或电压传送不同，不受电缆电阻、接触电阻等因素影响，即受电缆长度影响较小。

1.3 振弦式读数仪

振弦式读数仪如图1.6所示。振弦式读数仪面板如图1.7所示。BGK-408型振弦式仪器读数仪共设置有“ON”（开机）、“OFF”（关机）“☼”（背光）、“MEAS”（测量）、“POS”（激励类型）、“AUTO”（自动）、“SET”（设置/菜单）、“▲”（上）“▼”（下）、“↵”确认等按键。BGK-408面板包括点阵液晶显示器，可显示4行汉字，“TRANSDUCER”传感器连接插座，用于连接传感器的接线夹。“CHARGER”电池充电器插座，用于连接充电器对内置电池充电。

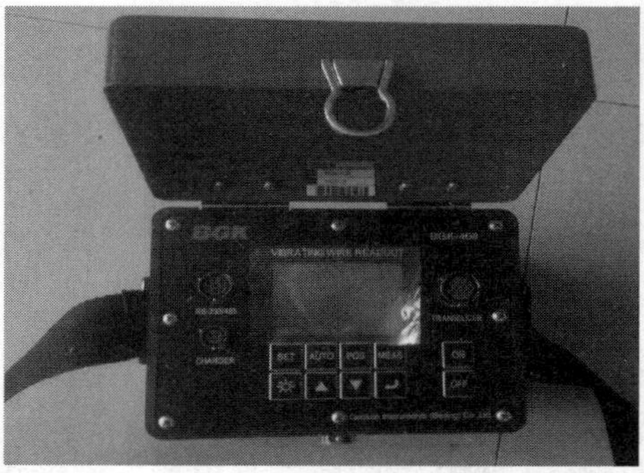

图1.6 振弦式读数仪

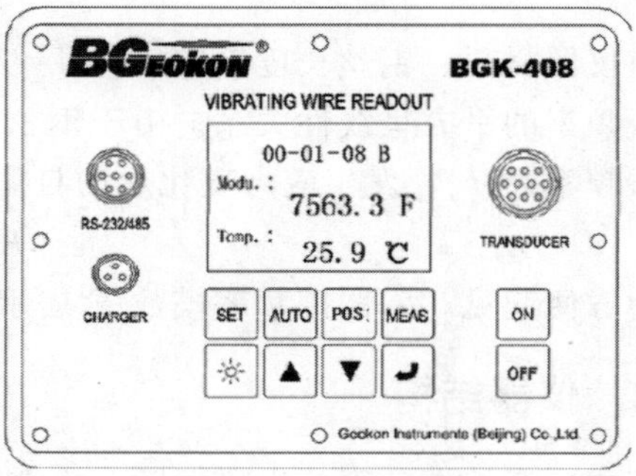

图1.7 振弦式读数仪面板

开机操作。按下面板上的“ON”键启动电源，BGK-408型振弦式仪器读数仪开始工作，液晶屏出现开机菜单。如在开机前已接上了仪器，则直接进入测量功能。振弦式读数仪开机界面如图1.8所示。振弦式读数仪激励类型和数据存储如图1.9所示。

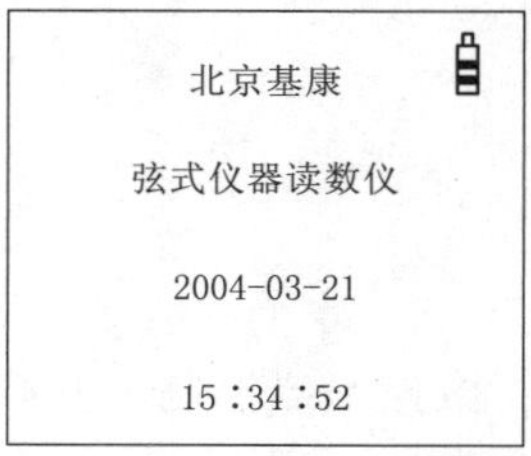

图1.8 振弦式读数仪开机界面

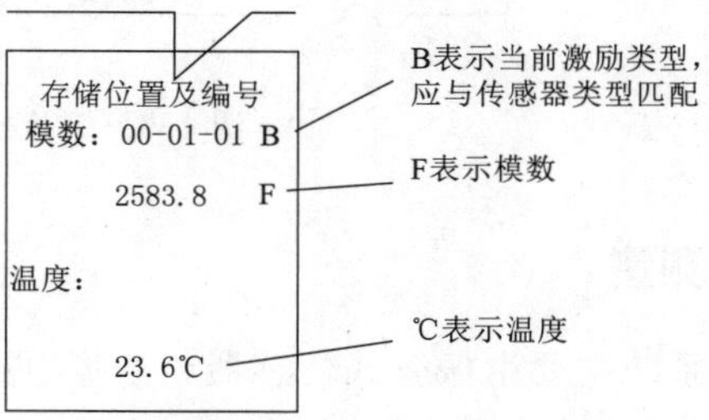

图1.9 振弦式读数仪激励类型和数据存储

在操作面板按动“POS”（激励类型）键，直至右上角的激励类型（将依次按A—B—C—D—E—F—A循环变化）符合要求为止，激励类型与传感器类型一致。

快捷测量：任何状态下按“MEAS”键均可立即进入测量模式。

振弦式读数仪连接线一端接入 BGK－408 读数仪面板上“TRANSDUCER”的插座上，另一端是一组带有五根不同色标导线的鳄鱼夹，其中“红”“黑”这组引线与被测仪器的振弦信号输出端连接，“绿”“白”导线与被测仪器的温度信号输出端连接，上述导线不分极性，即：“红”和“黑”的接线位置可以互换，“绿”和“白”接线位置可以互换。黄色线夹用于连接仪器的屏蔽线。振弦式读数仪连接线如图 1.10 所示。

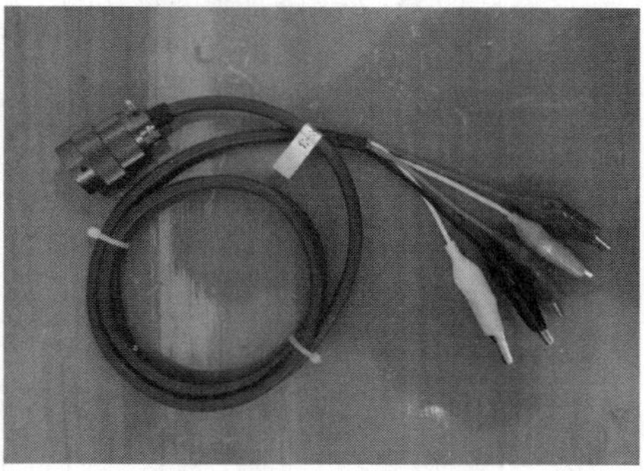

图 1.10　振弦式读数仪连接线

读数仪与传感器连接好后，读数仪屏幕显示的读数即为仪器读数，仪器自动存储。

记录当前读数。如需手动存储当前读数，则按“Enter”键，此时当前读数存入读数仪 00－01－01 位置，读数存储后，显示器将在瞬间显示“数据已储存，请接下支仪器”。

1.4　仪器率定

各项仪器设备在安装埋设前必须进行检验标定，且检验标定有效期为半年。仪器设备检验标定包括传感器的力学性能、温度性能、防水性能、二次测量仪表性能及电缆性能（绝缘、耐水压及芯线电阻）等检验，检验性能指标须满足相关规程规范要求。

根据现行监测规程规范要求，仪器设备检验率定结果应满足以下技术条件：

（1）仪器力学性能检验的各项误差，其绝对值应满足表 1.1 和表 1.2。

表 1.1　差阻式仪器力学性能检验标准

项目	仪器端基线性误差 α_1	非直线度 α_2	不重复性误差 α_3	厂家与用户检验误差 α_f
限差/%	≤2	≤1	≤1	≤3

表 1.2　振弦式仪器力学性能检验标准

项目	分辨率 r		不重复度 R	滞后 H	非直线度 L_f	综合误差 E_c
限差/%	0～0.25MPa	0.4～0.6MPa	≤0.5%F.S	≤1%F.S	≤2%F.S	≤2.5%F.S
	≤0.2	≤0.15				

（2）仪器温度性能检验的各项误差，其绝对值应满足表 1.3。

表 1.3　差阻式仪器温度性能检验标准

项目	计算 0℃电阻 R'_0/Ω	计算 0℃温度 $R'_0 a'$/℃	T/℃		R_x/MΩ
			温度计	差阻式仪器	绝缘电阻绝对值
限差/%	≤0.1	≤1.0	≤0.3	≤0.5	≥50

注　a'为 0℃以上温度常数。

(3) 差阻式仪器防水性能检验标准：

1) 检验时对仪器施加 0.5MPa 水压力，持续时间应不小于 0.5h，渗压计在规格范围内加压。

2) 测量仪器电缆芯线与外壳（或高压容器外壳）之间的绝缘电阻不小于 200MΩ。

1.5 现场的常规检验

现场的常规检验如下：

(1) 检查出厂时仪器资料参数是否齐全，仪器数量与发货单是否一致。

(2) 外观检查。仔细查看仪器外部有无损伤痕迹，锈斑等。

(3) 用万用表测量仪器线路有无断线。

(4) 用兆欧表测仪器本身的绝缘是否达到出厂值。

(5) 用二次仪表试测一下仪器测值是否正常。

项目2　外部变形监测——水平位移

2.1　工作目标

水平位移监测主要是测定建筑物在沿其轴线方向（纵向）和垂直于轴线方向（横向）上的变形。对于建筑于河流上的大坝，上述两个方向的位移则为沿坝轴线方向和顺水流方向上的变形，并以顺水流方向的变形（横向）为主要监测项。

2.2　工作仪器

2.2.1　全站仪

全站仪(图 2.1）是一种集光、机、电为一体的新型测角仪器，与光学经纬仪比较电子经纬仪将光学度盘换为光电扫描度盘，将人工光学测微读数代之以自动记录和显示读数，使测角操作简单化，且可避免读数误差的产生，一次安置仪器就可完成该测站上全部测量工作。

测距精度分类标准为：①Ⅰ级：测距标准偏差（0.5～1)mm＋$1\times10^{-6}\times D$；②Ⅱ级：测距标准偏差（1～3)mm＋$2\times10^{-6}\times D$；③Ⅲ级：测距标准偏差（3.5～5)mm＋(3～5)$\times10^{-6}\times D$。

2.2.2　觇标

觇标分固定觇标和活动觇标两种，如图 2.2 所示。固定觇标安置于工作基点上，供全站仪等瞄准构成基准线。活动觇标安置在位移标点上，供全站仪等瞄准，从而在活动觇标上读取位移标点的偏离值。

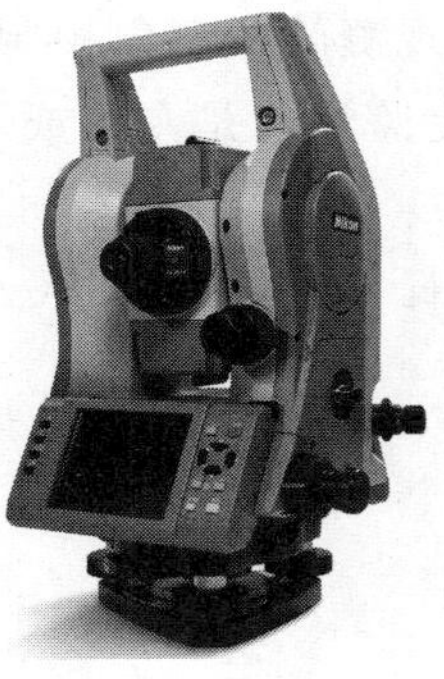

图 2.1　全站仪

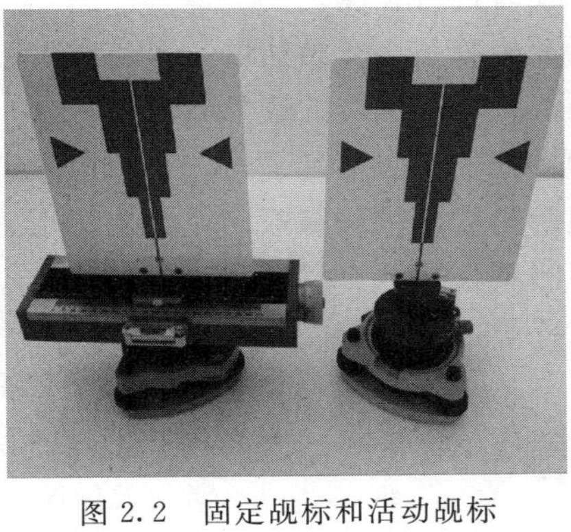

图 2.2　固定觇标和活动觇标

2.3 工作原理

视准线法是建立一个平行或通过坝轴线的铅直平面作为基准面，定期观测坝上测点与基准面之间偏离值的变化即为该点的水平位移，适用于直线形混凝土重力坝和土石坝的水平位移观测。视准线布设如图 2.3 所示。

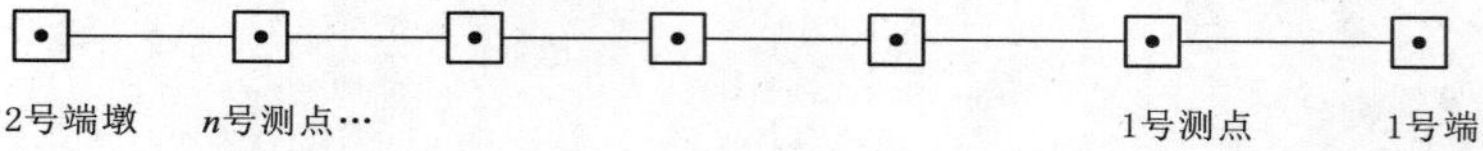

图 2.3 视准线布设示意图

2.4 工作依据

SL 601—2013《混凝土坝安全监测技术规范》
SL 551—2012《土石坝安全监测技术规范》
SL 725—2016《水利水电工程安全监测设计规范》

2.5 工作方法

2.5.1 活动觇牌法

（1）在视准线的一个端点架设全站仪，在另一个端点架设后视棱镜与觇牌，用仪器精确照准后视觇牌中心，从而确定视准线，在各个监测点上依次架设活动觇牌。

（2）根据已固定的视准线，活动觇牌左右移动，直至活动觇牌中心与视准线重合，对觇牌上的标尺和游标进行读数。一般要连续进行四组读数，当依次进行完第一次观测后，观测员应倒转望远镜重新进行后视，再依次对每一个测点进行观测。

（3）正倒镜各观测一次为一个测回，一组点需连续观测 2～3 个测回。每半个测回 4 次读数差、上下两个半测回的读数差、测回间数值差均应满足观测设计规定的限差要求，如有超限应及时进行补测。

由于活动觇牌是机械结构的，容易发生隙动差，在每次观测时应测定觇牌的零位差，即在与视准线重合时觇牌的读数（零位），并以此为基准确定监测点是左偏或右偏。为提高零位的测量精度，应尽量选择较短的边来进行测定。

活动觇牌的读数量程有限（一般有效量程在 100mm 左右），不适宜用在水平位移变化量大的观测项目。

本次位移量：

$$\Delta_i=(P_i-Q_i)-\Delta_{i-1} \tag{2.1}$$

至本次累计位移量：

$$\Delta'_i=(P_i-Q_i)-\Delta_0 \tag{2.2}$$

式中 P_i——本次观测时的读数；

Q_i——本次观测时的觇牌归零差；

Δ_{i-1}——上次位移变化量，

Δ_0——初始变化量。

2.5.2 小角度法

测量观测时在1号端墩架设全站仪，以2号端墩为后视点，在1号测点测墩上架设棱镜可以测定小角 i，1号端墩与1号测点间距离 S（图2.4）。

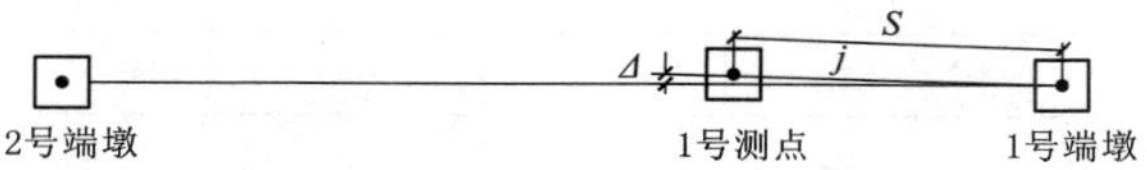

图2.4 小角度法测量基本原理

为提高监测精度，i 与 S 的测量均可采用多测回测量的方法。依次在各监测点上架设棱镜，可以测得各监测点对视准线的偏离量。当视准线较长时，可以采用两个工作基点各测一半的观测方法，这样可以减小观测时的边长长度，提高测角时的照准精度。

小角度法计算采用的是简单的三角关系，偏离基准线的偏移量为

$$\Delta_i = S_i \cdot \sin i \tag{2.3}$$

用小角度法计算出的偏移量 Δ_i 和初始值偏移量 Δ_0、上次偏移量 Δ_{i-1} 可以计算出本次观测的期内变化量和累计变化量。

2.6 数据处理

2.6.1 数据计算

视准线法和测量小角度法的水平位移观测计算表格式见表2.1和表2.2。

表2.1 水平位移观测计算表（视准线法）

监测部位________ 观测方法________ 上次观测日期________

观测日期________ 上游水位________ 下游水位________

测点编号	初始值或基准值(1)/mm	本次观测值(2)/mm	累计位移值(3)=值(2)−值(1)/mm	上次测值(4)/mm	间隔位移值(5)=值(2)−值(4)/mm	备注
1						
2						
3						
4						
观测：			计算：		校核：	

表 2.2　　**水平位移观测计算表（测量小角度法）**

监测部位＿＿＿＿＿＿　观测方法＿＿＿＿＿＿　开始时间＿＿＿＿＿＿

结束时间＿＿＿＿＿＿　第几测回＿＿＿＿＿＿　观测日期＿＿＿＿＿＿

方向号数名称及照准目标	读　数								左一右 2C	(左＋右)/2	方向值
	盘　左				盘　右						
	(1)	(2)	(3)	(4)＝[值(2)＋值(3)]/2	(5)	(6)	(7)	(8)＝[值(6)＋值(7)]/2	(9)＝值(4)－值(8)	(10)＝[值(4)＋值(8)]/2	
归零差											
观测					记录				校核		

2.6.2　绘制过程线

每次监测完成后，可以得到每次的监测成果，通过监测成果绘制位移过程线图。位移时间曲线如图 2.5 所示。

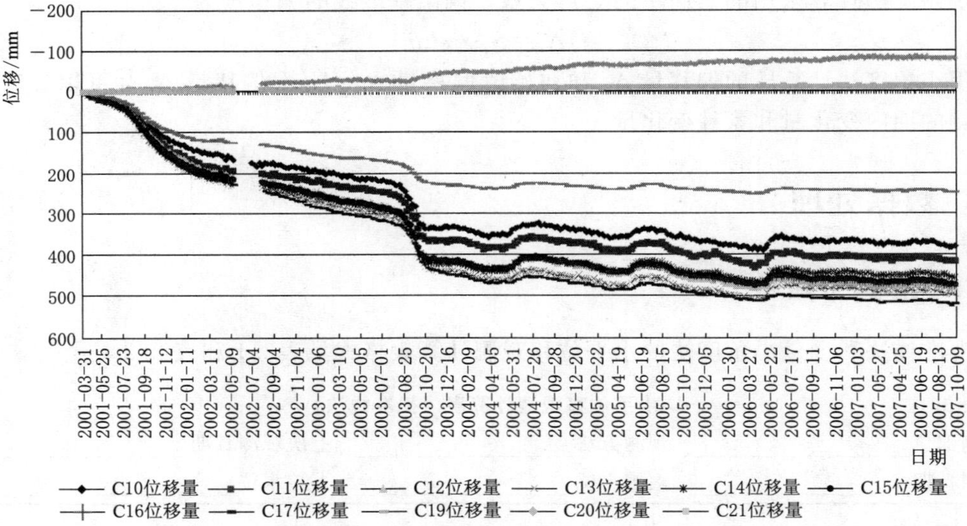

位移量为正表示标点向下游、位移量为负表示标点向上游，单位为mm

图 2.5　位移-时间曲线图

项目3　垂直位移监测（水准法）

3.1　工作目标

垂直位移监测主要是测定建筑物在垂直方向（高程）上的变形。水准测量如图 3.1 所示。

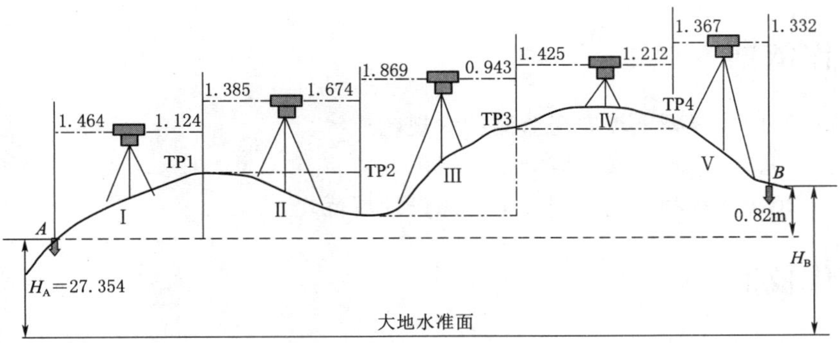

图 3.1　水准测量

3.2　工作原理

高差法测量如图 3.2 所示。

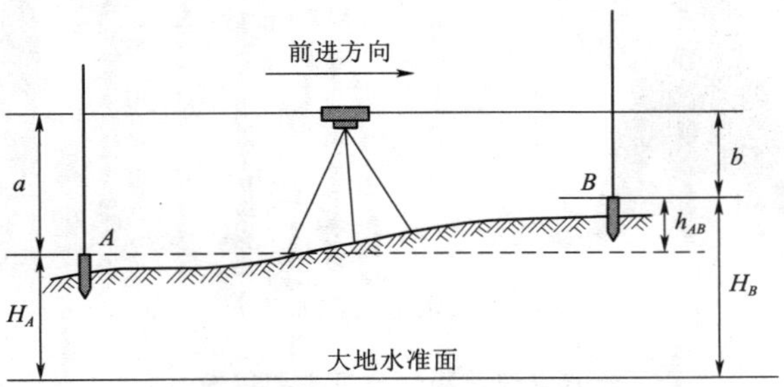

图 3.2　高差法测量

如果已知 A 点的高程 H_A，则 B 点的高程 H_B 为

$$H_B = H_A + h_{AB}$$

视线高法测量如图 3.3 所示。

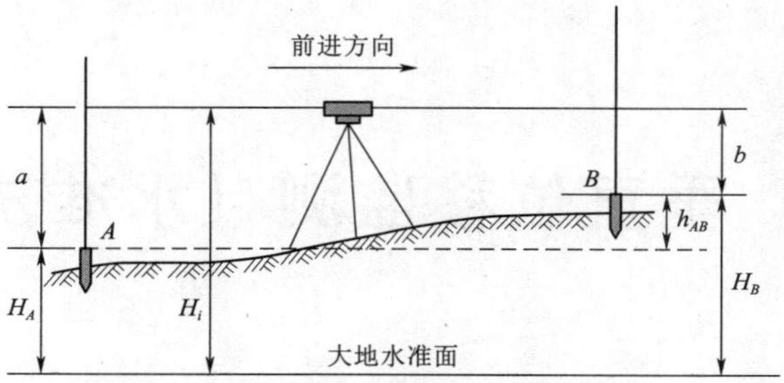

图 3.3　视线高法测量

B 点高程也可以通过水准仪的视线高程 H_i 来计算，即：

$$\left.\begin{aligned} H_i &= H_A + a \\ H_B &= H_i - b \end{aligned}\right\}$$

3.3　工作依据

SL 601—2013《混凝土坝安全监测技术规范》

SL 551—2012《土石坝安全监测技术规范》

SL 725—2016《水利水电工程安全监测设计规范》

3.4　工作仪器

3.4.1　水准仪

对不同精度等级的高程控制网进行观测要选择不同精度等级的水准仪(图 3.4)，水准仪等级划分及主要用途见表 3.1。

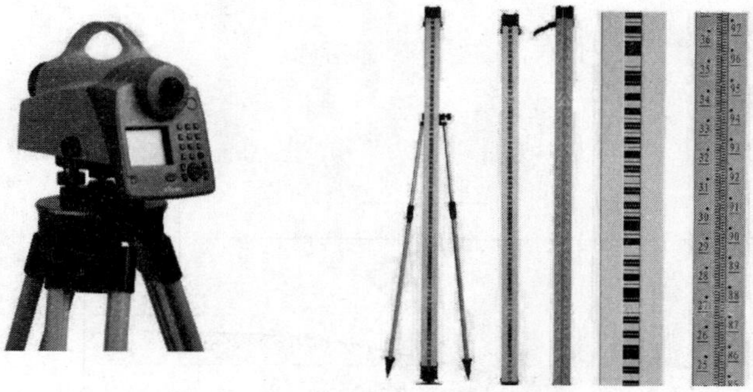

图 3.4　水准仪和水准尺

表 3.1　　**水准仪等级划分及主要用途**

水准仪系列	S_{05}	S_1	S_3	S_{10}
每千米往返测高差中数的偶然中误差	≤0.5mm	≤1mm	≤3mm	≤10mm
主要用途	一、二等水准测量	二、三等水准测量	三、四等水准测量	一般水准测量

3.4.2 高程控制网布设

一般混凝土建筑物外部变形监测用高程控制网应布设成一等或二等水准网；对土石建筑物外部变形监测用高程控制网应布设成二等或三等控制网。各等级水准测量的主要技术要求见表 3.2。

表 3.2　各等级水准测量的主要技术要求　单位：mm

等级	每千米高差中数中误差		检测已测测段高差之差	路线、区段、测段往返高差不符值	左右路线高差不符值	附合路线或环线闭合差
	M_{Δ}	M_W				
一	±0.45	±1.0	$3\sqrt{R}$	$1.8\sqrt{K}$	—	$2\sqrt{L}$
二	±1.0	±2.0	$6\sqrt{R}$	$4\sqrt{K}$	—	$4\sqrt{L}$
三	±3.0	±6.0	$20\sqrt{R}$	$12\sqrt{K}$	$8\sqrt{K}$	$12\sqrt{L}$
四	±5.0	±10.0	$30\sqrt{R}$	$20\sqrt{K}$	$14\sqrt{K}$	$20\sqrt{L}$
五	±7.5	±15.0	$40\sqrt{R}$	$30\sqrt{K}$	$20\sqrt{K}$	$30\sqrt{L}$

注　1. 表中 M_{Δ}、M_W 分别为每千米高差中数偶然中误差和每千米高差中数全中误差。
2. 表中 R 为检测路线长度，K 为路线、区段、测段的长度，L 为附合路线或环线长度，均以 km 计。

表 3.3 和表 3.4 分别为一、二等和三、四等水准测量测站观测限差。

表 3.3　一、二等水准测量测站观测限差　单位：mm

等级	上下丝读数平均值与中丝读数的差		基辅分划读数的差	基辅分划所测高差的差	检测间歇点高差的差
	0.5cm 刻划标尺	1cm 刻划标尺			
一等	1.5	3.0	0.3	0.4	0.7
二等	1.5	3.0	0.4	0.6	1.0

表 3.4　三、四等水准测量测站观测限差　单位：mm

等级	观测方法	基辅分划读数的差	基辅分划所测高差的差	单程双转点观测时，左右路线转点差	检测间歇点高差的差
三等	中丝读数法	2.0	3.0	—	3.0
	光学测微法	1.0	1.5	1.5	3.0
四等	中丝读数法	3.0	5.0	4.0	5.0

3.5 工作方法

在水准点间进行水准测量所经过的路线，称为水准路线。

(1) 闭合水准路线，如图 3.5 所示。条件：$\sum \Delta h_{理}=0$；闭合差：$f_h=\sum h_{测}\leqslant f_{h容}$。

(2) 附合水准路线，如图 3.6 所示。条件：$\sum h_{理}=H_B-H_A$；闭合差：$f_h=H_A+\sum h_{测}-H_B\leqslant f_{h容}$。

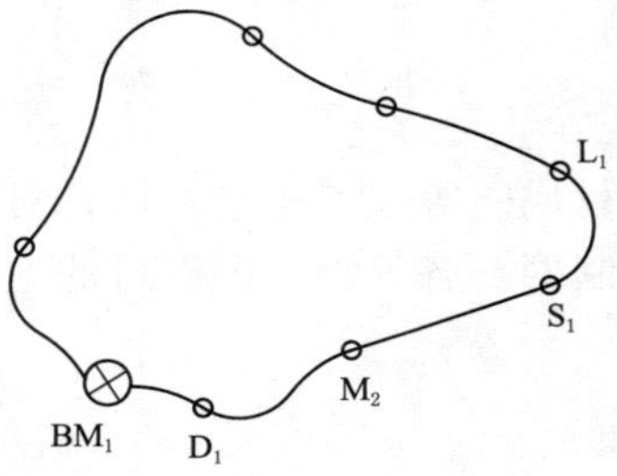

图 3.5　闭合水准路线

BM_1—已知水准点；D_1、M_2、S_1、L_1—待定点

图 3.6　附合水准路线

BM_1、BM_2—已知水准点；D_1、M_2、S_1、L_1—待定点

3.6　数据处理

3.6.1　数据计算

通过水准测量的外业作业，在满足观测技术要求的外业限差后，将外业成果作为计算依据，通过水准测量平差工作，可计算出每一个监测点的高程，再根据每个点的高程可以计算出每一个监测点的垂直位移期内变化量和累计变化量。可用式（3.1）进行计算，水准测量表见表 3.5。

$$\left.\begin{aligned}&\text{期内变内量：}\quad \Delta h_i=-(H_i-H_{i-1})=H_{i-1}-H_i\\&\text{累计变化量：}\quad \Delta H_i=-(H_i-H_0)=H_0-H_i\end{aligned}\right\}\tag{3.1}$$

式中　H_i——本次高程，m；

H_{i-1}——上次高程，m；

H_0——初始高程，m。

表 3.5　　水 准 测 量 表

测站	测点	水准尺读数/m		高差/m	平均高差/m	高程/m	备注
		后视读数	前视读数				
Ⅰ							
Ⅱ							
Ⅲ							
计算			记录		校核		

3.6.2 绘制过程线图

监测点沉陷变化过程线如图 3.7 所示。

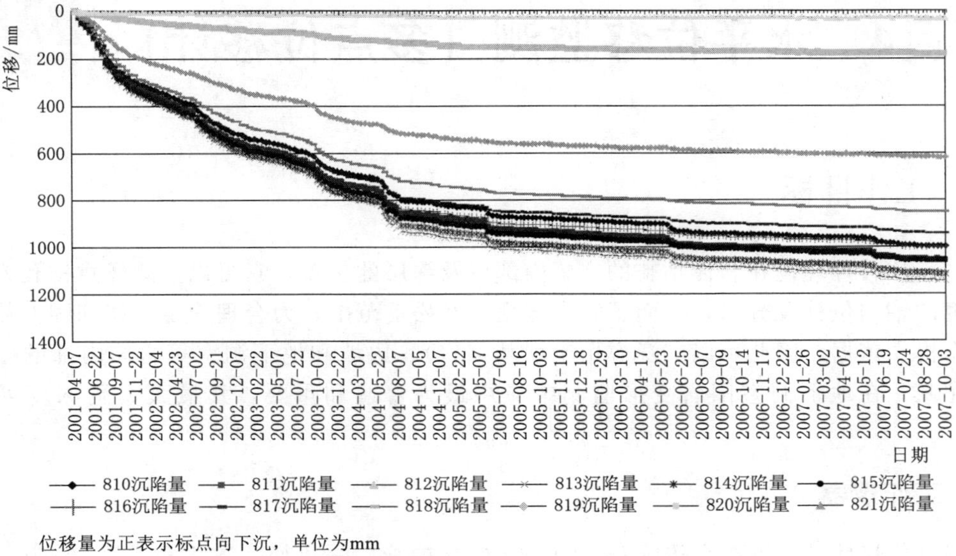

图 3.7 监测点沉陷变化过程线

项目4 水平位移监测（多点位移计）

4.1 工作目标

多点位移计埋设在岩体钻孔的实施内部以及深层的位置，它可以监测任意钻孔方向不同深度的轴向位移及分布，从而了解岩体变形及松动范围，为合理确定岩体加固参数及稳定状态提供依据，因此可以广泛应用于坝基（肩）、边坡和地下洞室等岩体内部的位移观测，尤其是在地下洞室围岩变形监测中应用最为普遍和重要，其最大观测深度可达近百米。

4.2 工作仪器

多点位移计是由测头、传感器、测杆（包括护管、隔离架、支撑环等）、锚头、安装基座等五部分组成，如图 4.1 所示。

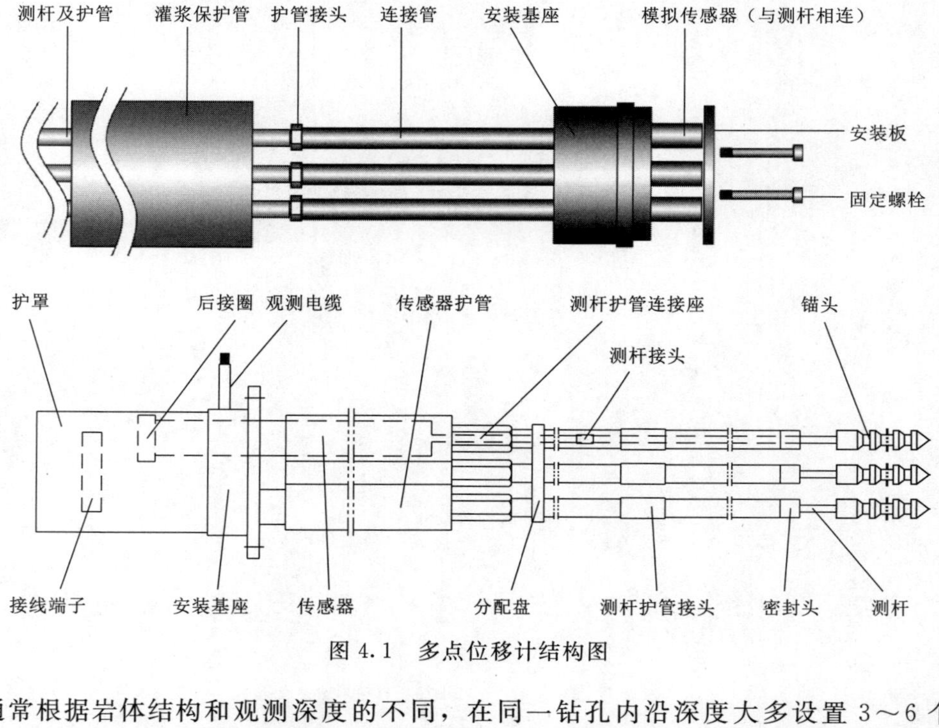

图 4.1 多点位移计结构图

通常根据岩体结构和观测深度的不同，在同一钻孔内沿深度大多设置 3～6 个测点（锚头）。多点位移计测头安装固定在孔口，测头内装有测量基准板（机械式）或固定位移传感器的装置及位移传感器，孔口测头内的传感器与钻孔内的测杆、锚头连在一起传递位移。

4.3 工作原理

多点位移计是埋设于钻孔内不同深度的锚头发生位移时，经测杆将位移传递到测头内的位移传感器，就可获得测头的相对位移。再通过换算，可以得到沿钻孔不同深度的岩体（或结构物）的绝对位移。钻孔内最深的锚头要求埋设在稳固的岩体内。典型多点位移计安装埋设示意图如图 4.2 所示。

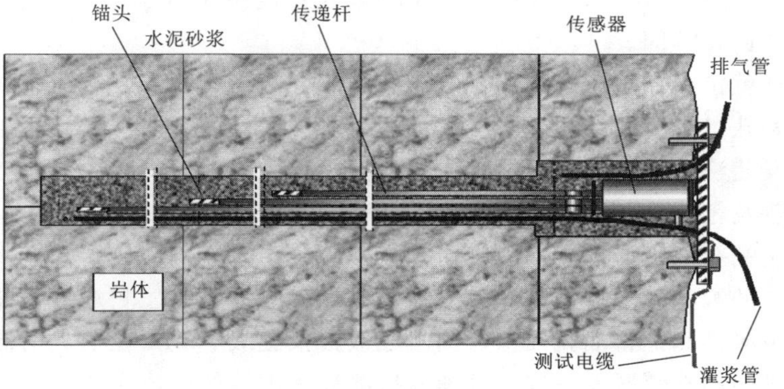

图 4.2 典型多点位移计安装埋设示意图

4.4 工作依据

SL 601—2013《混凝土坝安全监测技术规范》

SL 725—2016《水利水电工程安全监测设计规范》

4.5 工作准备

（1）严格按规定的程序和方法，进行仪器设备的安装和埋设。

（2）在施工过程中，所有仪器或电缆接头按要求进行保护、标识。

（3）安装位置、方向应和图纸要求的一致。

（4）仪器编号应能区分仪器类型、埋设位置，力求简单明了，并与设计布置图一致；编号标注在电缆端头与二次仪表连接处附近。

（5）对施工期较长的项目，施工期仪器电缆至少加上 3 个耐久的、防水的标签，编号必须清晰、准确可靠，便于长期保留。

4.6 工作方法

4.6.1 钻孔

根据设计要求确定安装埋设高程、方位、角度，在设计定位的地方钻孔。钻孔直径根据多点位移计测点的配置数量决定，测点数越多孔径越大。

通常钻孔深度要比设计要求孔深 200～500mm，以防落渣堵塞后减少孔深。

钻孔宜取岩芯，并进行岩芯描述，孔壁要平整、光滑。造孔完毕安装仪器前应进行清孔和测深，条件允许时孔壁要冲洗干净。

4.6.2 安装就位

（1）整体安装法。在大型地下洞室或露天施工场所安装多点位移计时，可在现场寻找大于多点位移计埋设最深测点深度的平整地面，将整套多点位移计装配好，然后整体运至孔位处，慢慢将多点位移计送入钻孔中就位（入孔弧度不要过小），直至多点位移计安装基座落入孔口并放置牢固。

多点位移计就位后在基座旁引出排气管和插入注浆管，固定好后用速干膨胀水泥将排气管和注浆管和孔口封闭固结。

（2）分体安装法。如测杆太长或工作场地狭小可采用分体安装法。先将最深测点的测杆及锚头和护管及密封头组装两节后，用绳子兜住锚头放入孔中，然后逐级接长逐级下放，边连接边向钻孔内延伸推进。

当最深测点的测杆和护管推进到第二深测点高程时，将第二测点的测杆和护管也顺序放下，这时两组测杆和护管捆扎在一起同时逐级接长逐级下放，在下放的同时每隔 2m 左右将测杆相互之间用扎带捆扎一次，其他各级测杆和护管照此依次放下。

各点测杆和护管就位后装上分配盘再与传感器和安装基座连接固定在孔口处。

有时现场安装采用先将测杆和护管安装埋入钻孔中灌浆固结，然后再安装传感器和固定安装基座。采用此种方法安装埋设时，应注意当各测点的测杆和护管全部进入钻孔后，尾部安装分配盘，分配盘放置于扩孔底面。此时测杆和护管端头要尽量平齐（各测点的测杆接头应旋上），高出扩孔底部 100～150mm，以方便下一步安装传感器和安装基座。

（3）注意事项。安装就位全过程中要拽紧兜锚头和测杆的绳子防止测杆和护管掉入钻孔内，兜锚头的绳子也可用于调整孔口处测杆和护管的高低。兜锚头的绳子只有在多点位移计安装完成，将要灌浆前才能取出。

安装测杆时，测杆与测杆之间的连接一定要牢靠不可松动，最好用胶固定。PVC 护管接头和测杆护管连接座涂抹 PVC 胶黏接测杆护管。

4.6.3 灌浆

多点位移计安装就位后即可灌浆，以防孔中有破碎岩石掉块或泥沙固结。灌浆过程中排气管内会不断有空气排出，当排气管中开始回浆时表明灌浆已满。此时，可拆除灌浆设备，堵住灌浆管和排气管。

由于多点位移计安装有正装和反装之分，因此灌浆也分为孔口灌浆和孔底灌浆两种方式。

（1）孔底灌浆［图 4.3（a）向下安装］。灌浆设备将砂浆先从灌浆管内注入钻孔，灌浆要由下向上泛浆，使孔内不会产生空隙，逐级灌浆逐级拔出灌浆管。

排气管在灌浆时排出孔内的气体，使砂浆顺利上泛，当排气管内排出砂浆后，说明灌浆到孔口了，即可将排气管拔出。

(2) 孔口灌浆［图 4.3 (b) 向上安装］。在安装测杆时即将排气管与测杆绑缚在一起，排气管要比最长的锚头长出一个固结空间。灌浆管从多点位移计安装基座旁插入孔内，灌浆时砂浆从孔口向孔底泛浆，孔中的空气由于砂浆的压迫从孔底排气管中排出。当砂浆从排气管中排出时，即为钻孔中已注满了砂浆。

此方法灌浆要求灌浆压力比较大，而且要求孔口密封性能好、强度高。待砂浆初凝后，才可拆下注浆管，剪去外露的排气管。

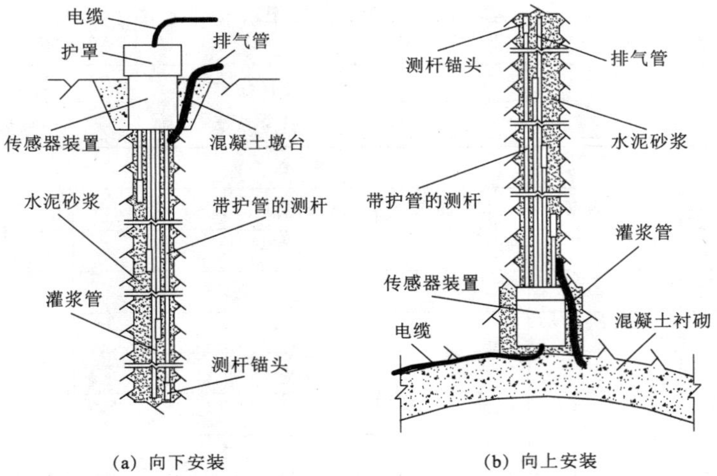

图 4.3 孔底灌浆（向下安装）和孔口灌浆（向上安装）

4.7 数据处理

4.7.1 数据计算

(1) 各锚点相对测头位移。

$$X_{Wi}=G(R_i-R_{i0})+K(T_i-T_{i0}) \quad (i=1,2,\cdots,6 \text{ 锚头编号,编号顺序由浅至深}) \tag{4.1}$$

式中 X_{Wi}——各相应锚头当前相对位移，mm；

R_i——各相应锚头当前值，$Hz^2\times10^{-3}$；

R_{i0}——各相应锚头初始值（基准值），$Hz^2\times10^{-3}$；

T_i——当前温度，℃；

T_{i0}——初始温度，℃；

G——仪器系数，mm/Digit；

K——温度系数，mm/℃。

(2) 各深度绝对位移。各深度绝对位移为相对于不动点的位移，通常不动点设在孔底。以四点位移计为例，如现场实际埋设 4 个埋头，设 X_{W4} 为孔底最深的锚头，按两种

埋设方法其计算方法分别为

孔口(0m 深度)位移(mm)＝最深锚头位移(X_{W4})　(4.2)

第一锚头深度的位移(mm)＝$X_{W4}-X_{W1}$

第二锚头深度的位移(mm)＝$X_{W4}-X_{W2}$

第三锚头深度的位移(mm)＝$X_{W4}-X_{W3}$

第四锚头深度的位移(mm)＝0

多点位移计观测数据记录表见表 4.1。

表 4.1　多点位移计观测数据记录表

项目名称：____________________

传感器编号：__________　设计编号：__________

直线系数：__________　温度系数：__________

观测日期	频率模数					温度
	1 号测点	2 号测点	3 号测点	4 号测点	……	

4.7.2 绘制过程线

以观测日期为横坐标，观测各深度位移为纵坐标绘制测值随时间变化的过程线。各深度位移-时间关系过程曲线如图 4.4 所示。

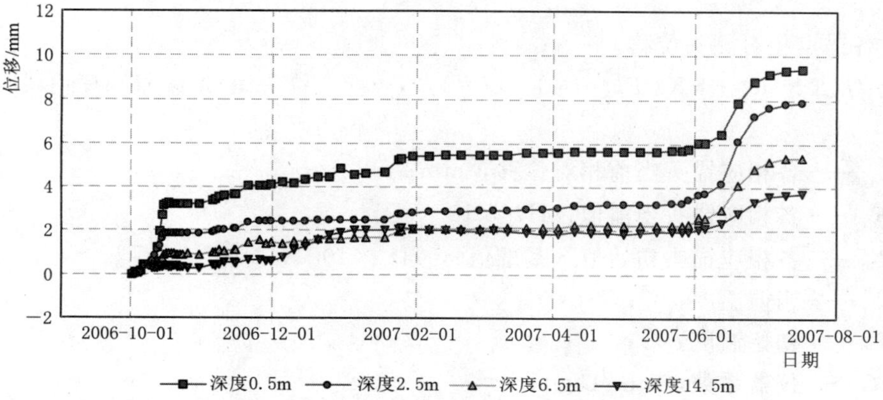

图 4.4　各深度位移-时间关系过程曲线

项目5　倾斜监测（测斜仪）

5.1　工作目标

滑动式测斜仪有垂向测斜仪和水平测斜仪两类。

垂向测斜仪广泛用于监测坝体（土石坝）、坝基（肩）、边坡（或深基坑开挖边坡）及浅埋大跨度地下洞室等工程的内部水平位移及其分布；水平测斜仪则可量测工程内部沿某一水平方向的垂向位移（沉降）及其分布。它们均是通过量测预先埋设在被测工程的测斜管倾斜变化来求得其水平位移和垂向位移的。

5.2　工作仪器

滑动式测斜仪由装有高精度传感元件的测头、专用电缆、测读仪及其配套的测斜管等五部分组成。测头内的传感元件大多采用精度很高的伺服加速度计，具有精度高、量程大、可靠性好等特点；连接电缆具有钢丝绳加强的多芯专用电缆；测读仪有手工操作纪录型和数据采集存储型；测斜管多为材质性能较为稳定的铝合金或 ABS 工程塑料材料制成，观测时孔口配备滑轮组件，以避免仪器电缆磨损及操作方便。滑动式钻孔测斜仪组成如图 5.1 所示。

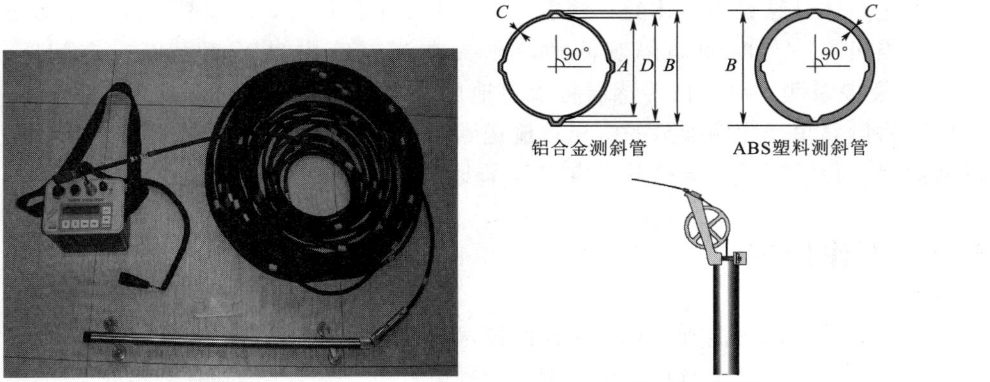

图 5.1　滑动式钻孔测斜仪组成

5.3　工作原理

滑动式垂向测斜仪是根据测头中的摆锤位置受重力作用为基础测定以铅垂线为基准的

弧度变化。传感器的测斜原理是基于测头内伺服加速度计可以测量重力矢量 g 在测头轴线垂直面上的分量大小，从而确定测头轴线相对水平面的倾斜角。当加速度计的敏感轴位于水平面时，矢量 g 在敏感轴上的投影为零，这时加速度计的输出也为零；当加速度计的敏感轴与水平面存在一个倾斜角时，加速度计就输出一个与其成函数关系的电压信号，通过二次仪表把电压信号转换为水平位移量。滑动式钻孔测斜仪工作原理示意图如图 5.2 所示。

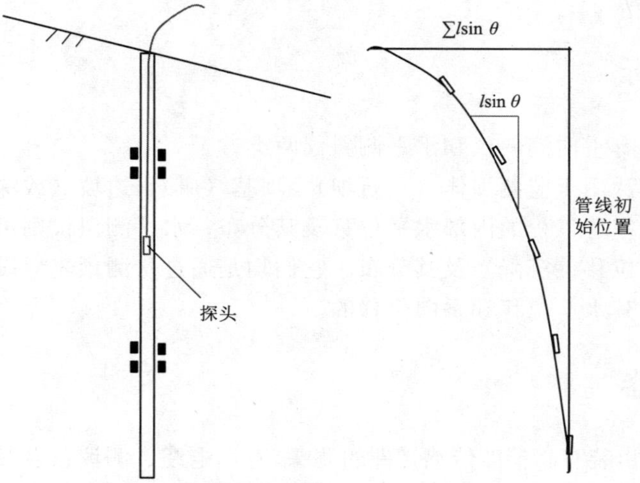

图 5.2 滑动式钻孔测斜仪工作原理示意图

测斜仪测头由导轮导持，用专用电缆悬吊在测斜管内，并由测斜管内的两对相互正交方向的导槽控制测头上、下滑动方向。而测斜管则预先埋设在岩（土）体内，由于测斜管与岩（土）体是结合为一体的，当岩（土）体发生位移时，测斜管也随之位移而发生倾斜变化。当每隔一定时间间隔观测时，测头在测斜管内自下而上以一定间距（通常为 0.5m）逐段量测，测头内传感器将敏感地反映出测斜管在每一深度处的倾斜角变化，通过电缆将倾斜角变化转换后的电讯号输送到测读仪进行测读记录或存储数据，经过计算整理从而可获得沿测斜管导槽两组方向各深度的水平位移及孔口的总位移。

5.4 工作依据

SL 601—2013《混凝土坝安全监测技术规范》

SL 551—2012《土石坝安全监测技术规范》

SL 725—2016《水利水电工程安全监测设计规范》

5.5 工作准备

（1）测斜管在现场检验合格可进行安装和埋设。

（2）严格按规定的技术要求和方法进行仪器设备的安装和埋设。

（3）测斜管安装完成后，根据要求进行测扭，并提交测扭报告，扭角大于30°的，要退出重新安装。

5.6 工作方法

5.6.1 钻孔

用岩心钻在选定的观测地段钻孔，钻孔直径应大于测斜管外径30mm以上为宜，钻孔铅直度偏差在50m内应不大于3°。

5.6.2 准备工作

（1）检查测斜管是否平直，两端是否平整，对不符合要求的测斜管应进行处理或舍去。

（2）将测斜管一端套上管接头，在其两导槽间对称钻四个孔，用铆钉（铝合金管）或自攻螺丝（ABS塑料管）将管接头与测斜管固定，然后在管接头与测斜管接缝处用橡皮泥或防水胶、塑料胶带将其缠紧，以防止回填灌浆浆液渗入管内。

（3）将一端带有管接头的测斜管进行预接，预接时管内导槽必须对准，以确保测斜仪测头畅通无阻及保持导槽方向不变。

5.6.3 现场安装埋设

（1）测斜管全长超过40m时需用起吊设备将测斜管吊起，逐根按照预先做好的对准标记和编号对接固定密封后，并始终保持其中一组导槽方向对准预计岩（土）体位移方向缓慢下入钻孔内。

（2）在深度较大的干孔内下管时，应由一根钢绳来承担测斜管重量，即将钢绳绑扎在测斜管末端，并且每隔一段距离与测斜管绑在一起。钻孔内有地下水位时，宜在测斜管内注入清水，避免测斜管浮起。

（3）测斜管按要求的总长全部下入孔内后，必须检查其中一对导槽方向是否与预计的岩体位移方向相近，并进行必要的调整。确定导槽方位符合要求后，将测斜管顶端在钻孔孔口固定，然后将测斜仪测头（或模拟测头）下入钻孔中的测斜管内沿导槽上下滑行一遍，以了解导槽是否畅通无阻。

（4）装配好的测斜管导槽转角每3m应不超过1°，全长范围内应不超过10°。

5.6.4 钻孔灌浆与回填

（1）将灌浆管系在测斜管外侧距测斜管底端1m处，随测斜管一同下入孔底为止。

（2）按照预先要求的水灰比浆液自下而上进行灌浆，为防止在灌浆时测斜管浮起，宜预先在测斜管内注入清水。当需回收灌浆管时可采用边灌浆边拔管的方法，但不能将灌浆管拔出浆面，以保证灌浆质量。

（3）对于在土体钻孔中埋设测斜管时可采用回填粗砂密实，填砂时须边填砂边冲水。

（4）待灌浆完毕拔管或回填砂后，测斜管内要用清水冲洗干净，做好孔口保护设施，防止碎石或其他异物掉入管内，以保证测斜管不受损坏。

（5）待水泥浆凝固或填砂密实稳定后，量测测斜管导槽的方位，管口坐标及高程，对安装埋设过程中发生的问题要作详细记载。

5.6.5 现场观测

基准值观测时间，一般在钻孔回填灌浆或填砂密实稳定一周后进行。

（1）用电缆将测头与读数仪连接，并将测头高导轮朝向主变位方向放入测斜管导槽（A_0）内缓缓下入管底，仪器预热 3～5min。

（2）自下而上每隔 0.5m 提拉电缆同时测读 A_0、B_0 数据（双轴测头），直至管口。

（3）取出测头将其顺时针翻转 180°，再将测头放入导槽（A_{180}）内下入管底，按上述方法测读 A_{180}、B_{180} 数据。对于具有双向传感器的测头，至此观测工作即可结束。而对于仅有单向传感器的测头，要按上述方法依次顺时针翻转 180°，分别测读 A_0、A_{180}、B_0、B_{180} 四个方向导槽的数据。

由于仪器结构的限制，通常 A 向观测精度较高，而 B 向观测误差约为 A 向的数倍。当对于变形较小，要求较高（如坝肩变形监测）时，建议采用类似单向传感器测头的观测操作方法，分别测读 A_0、A_{180}、B_0、B_{180} 四个方向导槽的数据。

5.7 数据处理

5.7.1 数据计算

$$\text{位移 } A(\text{mm}) = \sum_{i=\text{底}}^{i=\text{顶}} (\text{差值 } A_i - \text{差值 } A_0)/100 \qquad (i=\text{底},\text{顶}) \tag{5.1}$$

$$\text{位移 } B(\text{mm}) = \sum_{i=\text{底}}^{i=\text{顶}} (\text{差值 } B_i - \text{差值 } B_0)/100 \qquad (i=\text{底},\text{顶}) \tag{5.2}$$

$$\text{合位移}(\text{mm}) = (\text{位移 } A^2 + \text{位移 } B^2)^{1/2} \tag{5.3}$$

$$\text{合位移方向} = \text{arctange}(\text{位移 } B/\text{位移 } A) \tag{5.4}$$

其中：

$$\text{差值 } A_i = \text{测值 } A_0 - \text{测值 } A_{180}$$

$$\text{差值 } B_i = \text{测值 } B_0 - \text{测值 } B_{180}$$

$$\text{差值 } A_0 = \text{初值 } A_0 - \text{初值 } A_{180}$$

$$\text{差值 } B_0 = \text{初值 } B_0 - \text{初值 } B_{180}$$

式中 差值 A_i——A 向当前值；

差值 B_i——B 向当前值；

差值 A_0——A 向初始值；

差值 B_0——B 向初始值。

测斜仪数据记录表见表 5.1。

表 5.1　　　　测斜仪数据记录表

深度/m	A 向测值		B 向测值		深度/m	A 向测值		B 向测值	
	A_0	A_{180}	B_0	B_{180}		A_0	A_{180}	B_0	B_{180}
0.5					5.5				
1.0					6.0				
1.5					6.5				
2.0					7.0				
2.5					7.5				
3.0					8.0				
3.5					8.5				
4.0					9.0				
4.5					9.5				
5.0					10.0				

监测：＿＿＿＿＿＿　　记录：＿＿＿＿＿＿　　校核：＿＿＿＿＿＿

5.7.2　绘制过程线

以观测位移为横坐标，比深为纵坐标绘制测值随时间变化的过程线。倾斜过程曲线如图 5.3 所示。

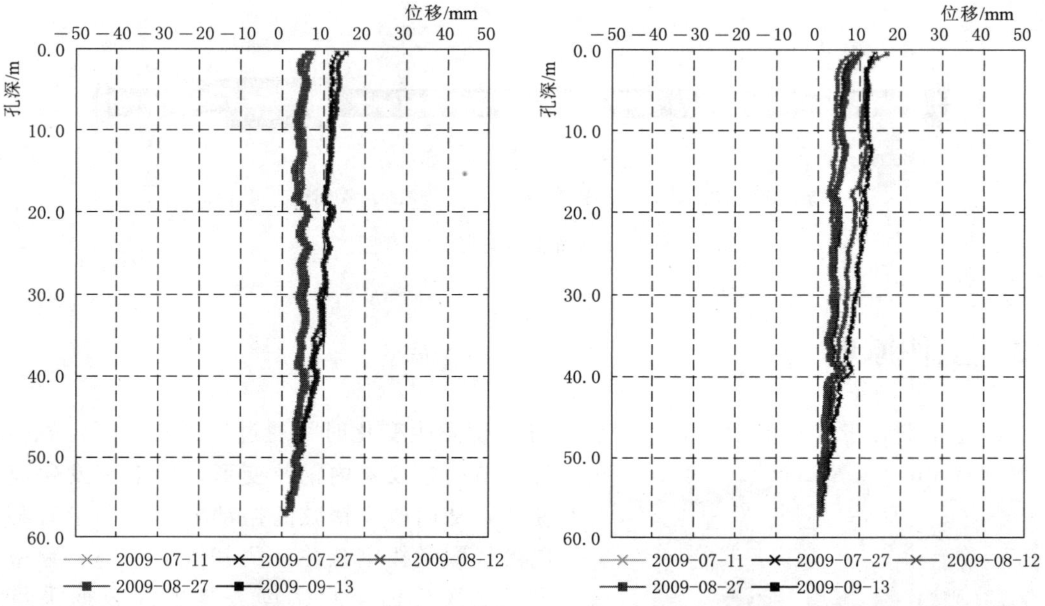

(a) 大泽滑坡体安全监测9号测斜孔A轴累计位移曲线　(b) 大泽滑坡体安全监测9号测斜孔B轴累计位移曲线

图 5.3　倾斜过程曲线图

项目6　裂缝监测（测缝计）

6.1　工作目标

用于监测建筑物的接缝和位移，长期埋设在混凝土建筑物内部或其他建筑物表面，测量结构物伸缩缝（或裂缝）的开合度，以及结构物的位移量，并可同时测量埋设点的温度。

6.2　工作仪器

测缝计由钢弦、电磁线圈、套管、电缆、万向节及固定螺栓组成，表面安装型测缝计的两端采用带固定螺栓的万向节，以便与两端的定位装置连接。表面测缝计结构示意图如图 6.1 所示

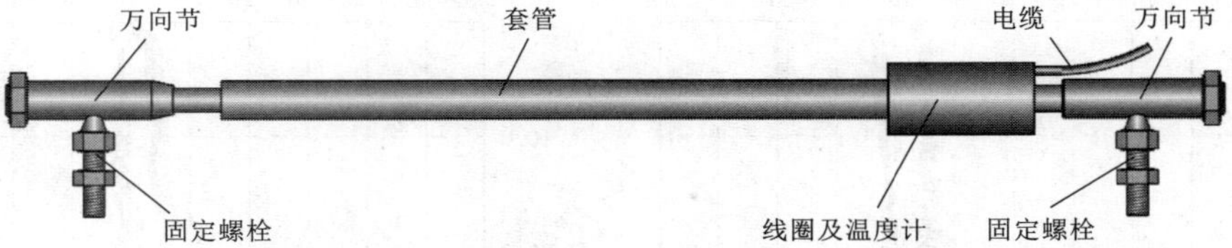

图 6.1　表面测缝计结构示意图

6.3　工作原理

测缝计安装于缝隙的两端，当缝隙的开合度发生变化时将通过仪器两端固定螺栓及万向节引起仪器内钢弦变形，使钢弦发生应力变化，从而改变钢弦的振动频率。测量时利用电磁线圈激拨钢弦并量测其振动频率，频率信号经电缆传输至频率读数装置或数据采集系统，再经换算即可得到被测结构物伸缩缝或裂缝相对位移的变化量。同时由测缝计中的热敏电阻可同步测出埋设点的温度值。振弦式表面测缝计如图 6.2 所示。

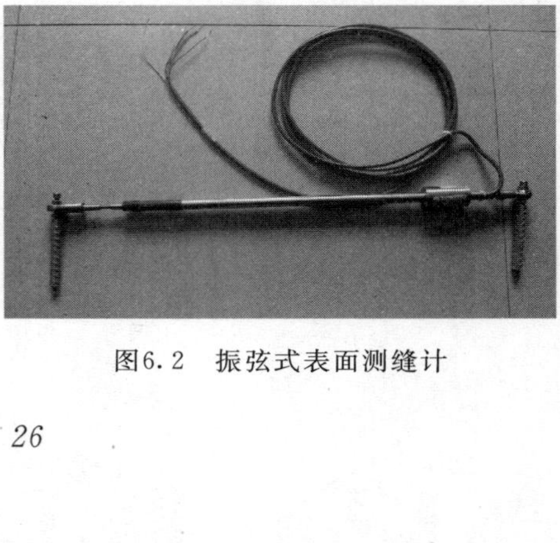

图6.2　振弦式表面测缝计

6.4 工作依据

SL 601—2013《混凝土坝安全监测技术规范》
SL 551—2012《土石坝安全监测技术规范》
SL 725—2016《水利水电工程安全监测设计规范》

6.5 工作准备

（1）严格按规定的程序和方法，进行仪器设备的安装和埋设。

（2）在施工过程中，所有仪器或电缆接头按要求进行保护、标识。

（3）安装位置、方向应和图纸要求的一致。

（4）仪器编号应能区分仪器类型、埋设位置，力求简单明了，并与设计布置图一致；编号标注在电缆端头与二次仪表连接处附近。

（5）对施工期较长的项目，施工期仪器电缆至少加上3个耐久的、防水的标签，编号必须清晰、准确可靠，便于长期保留。

6.6 工作方法

6.6.1 定位划线

垂直于裂缝用直尺、铅笔向裂缝左、右两侧各画一条长约50cm［长度可根据仪器长度、变形方向（张开或压缩）确定］的线段，线段端点为裂缝计的两个固定点。测缝计定位如图6.3所示。

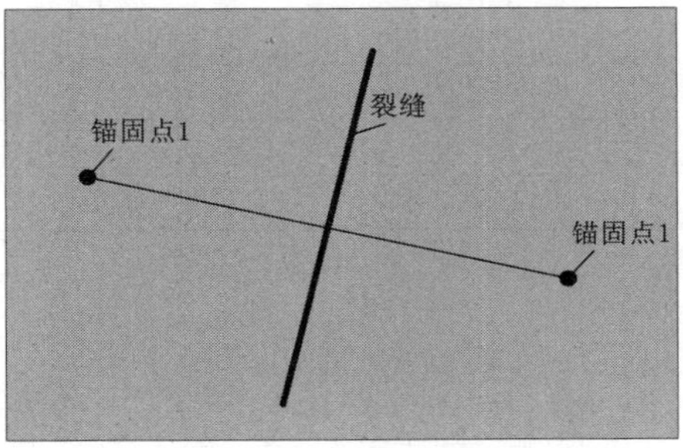

图6.3 测缝计定位

6.6.2 钻孔

用电锤或其他合适的工具在确定的位置钻两个深约75mm，直径12.5mm的钻孔，钻孔完成后清除孔内残渣。

6.6.3 锚杆固定

孔内填膨胀水泥砂浆，将锚杆轻轻压入孔内，并注意调整其位置和高度。

6.6.4 传感器安装

取掉球形万向节末端的螺母并用螺丝刀将固定螺栓拧入锚杆，拧紧后重新装上螺母固定顶丝。

6.7 基准值观测

表面安装的测缝计安装埋设完成后的读数作为基准值。

6.8 数据处理

6.8.1 数据计算

$$J=G\times(R-R_0)+K\times(T-T_0) \tag{6.1}$$

式中 J——被测结构物的变形量，mm；

G——仪器系数，mm/Digit；

R——实测模数值，$Hz^2\times10^{-3}$；

R_0——初始基准值，$Hz^2\times10^{-3}$。

K——测缝计的温度修正系数，mm/℃；

T——温度的实时测量值，℃；

T_0——温度的基准值，℃。

表面式测缝计观测记录表见表 6.1。

表 6.1　　表面式测缝计观测记录表

项目名称：

传感器编号：　　　　设计编号：

直线系数：　　　　温度系数：

观测时间	观测值		缝宽/mm	备注
	模数/($Hz^2\times10^{-3}$)	温度/℃		

观测：　　　　记录：　　　　计算：　　　　校核：

6.8.2 过程线绘制

以观测日期为横坐标，测点裂缝开合度和温度为纵坐标绘制测值随时间变化的过程线。裂缝开合度和温度时间过程曲线如图 6.4 所示。

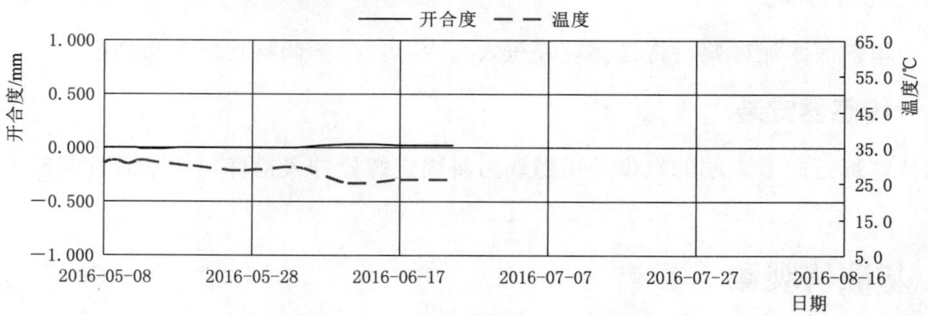

图 6.4 裂缝开合度和温度时间过程曲线图

项目7 混凝土应变监测（应变计）

7.1 工作目标

为了解岩土工程和其他混凝土建筑物的应力分布情况，工程上一般监测建筑物的应变，再通过力学计算求得应力分布。振弦式应变计适用于长期埋设在水工建筑物或其他建筑物内部，也可以埋设在基岩、浆砌块石结构或模型试件内，配合无应力计桶还可作为无应力计使用，仪器监测的结果还可以检验设计所采取的各种假设和参数的正确性，指导工程施工。

7.2 工作仪器

振弦式应变计由两个带O型密封圈的端块、保护管、张紧的钢弦、电磁线圈和电缆组成，振弦感应组件主要由张紧钢丝及激振线圈与相关的安装件构成。振弦式应变计结构示意图如图7.1所示。

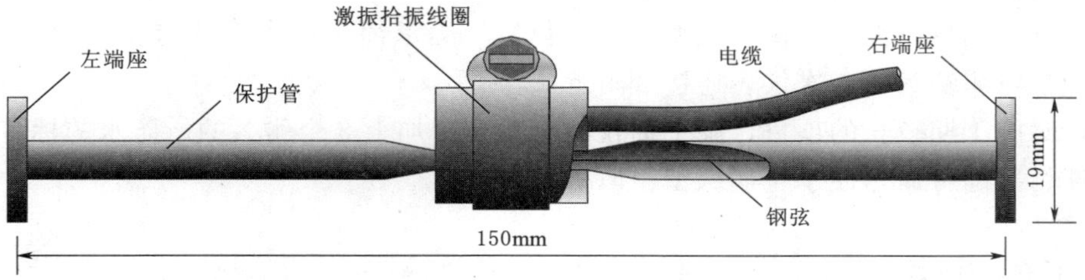

图7.1 振弦式应变计结构示意图

7.3 工作原理

在混凝土结构体内部埋入单向应变计、多向应变计和无应力计监测混凝土的应变，混凝土的变形将通过仪器端块引起仪器内钢弦变形，使钢弦发生应力变化，从而改变钢弦的振动频率，结合混凝土龄期、强度、温度、徐变等力学试验成果，通过应力-应变转换，得出混凝土应力。同时由应变计中的热敏电阻可同步测出埋设点的温度值。大骨料应变计和大体积混凝土应变计如图7.2所示。

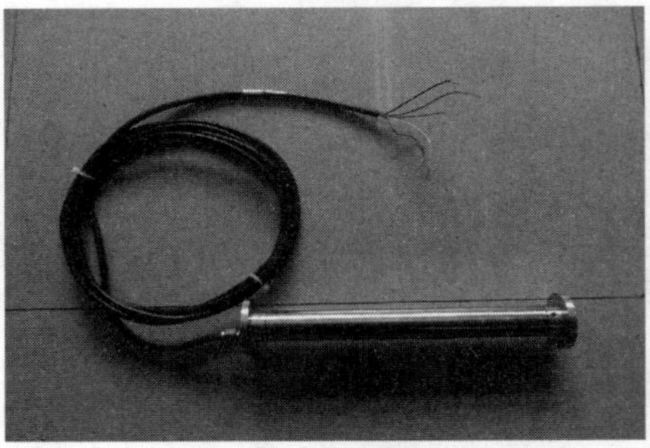
（a）适用于大骨料混凝土

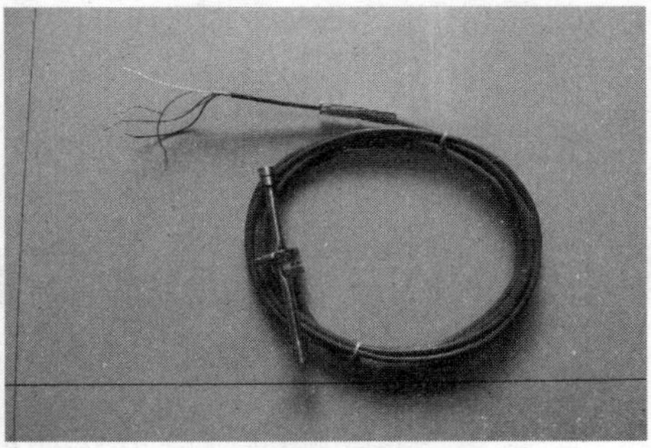
（b）适用于大体积混凝土

图 7.2　大骨料应变计和大体积混凝土应变计

7.4　工作依据

SL 601—2013《混凝土坝安全监测技术规范》

SL 551—2012《土石坝安全监测技术规范》

SL 725—2016《水利水电工程安全监测设计规范》

7.5　工作准备

（1）严格按规定的程序和方法，进行仪器设备的安装和埋设。

（2）在施工过程中，所有仪器或电缆接头按要求进行保护、标识。

（3）安装位置、方向应和图纸要求的一致。

（4）仪器编号应能区分仪器类型、埋设位置，力求简单明了，并与设计布置图一致；编号标注在电缆端头与二次仪表连接处附近。

（5）对施工期较长的项目，施工期仪器电缆至少加上 3 个耐久的、防水的标签，编号必须清晰、准确可靠，便于长期保留。

7.6　工作方法

7.6.1　单向应变计的安装埋设

（1）可在混凝土振捣或碾压后，在埋设部位挖槽埋设，并用相同混凝土（剔除粒径大于 8cm 的骨料）人工回填，人工捣实。

（2）埋设仪器的角度误差应不超过 1°，位置误差应不超过 2cm。

（3）仪器埋好后，其部位应做明显标记。

7.6.2　两向应变计的安装埋设

（1）可在混凝土振捣或碾压后，在埋设部位挖槽埋设，并用相同混凝土（剔除粒径大于 8cm 的骨料）人工回填，人工捣实。

（2）两应变计应保持相互垂直，相距 8～10cm。埋设仪器的角度误差应不超过 1°，位置误差应不超过 2cm。

（3）两应变计组成的平面应与结构面平行或垂直。

（4）仪器埋好后，其部位应做明显标记。

7.6.3 应变计组的安装埋设

（1）根据仪器埋设的数量，备齐仪器（已根据设计施工要求接长电缆）和附件（支座、支杆等），并做好仪器编号和存档工作，同时考虑适当的仪器备用量。

（2）按照埋设点的高程、方位及埋设部位混凝土浇筑进度，将预埋件预埋在先浇筑的混凝土层内，预埋件杆外露长度应不小于 20cm [图 7.3（a)]，预埋杆可根据需要适当加长，其螺纹部分应用纱布或牛皮纸包裹好，以免砂浆沾污或碰伤。

（3）当混凝土浇筑到接近埋设高程时，用适当尺寸的挡板挡好埋设点周围的混凝土，取下预埋件螺纹的裹布，安装支座并固定其位置和方向，然后将支杆套管按设计要求的方向装上支座。应变计组仪器编号如图 7.3（b）所示。

（4）将套管上螺帽松开，取出支杆（螺母应套在支杆上）旋入仪器上接座端，拧紧后将支杆套入套管内，将螺帽并紧 [图 7.3（c)]。

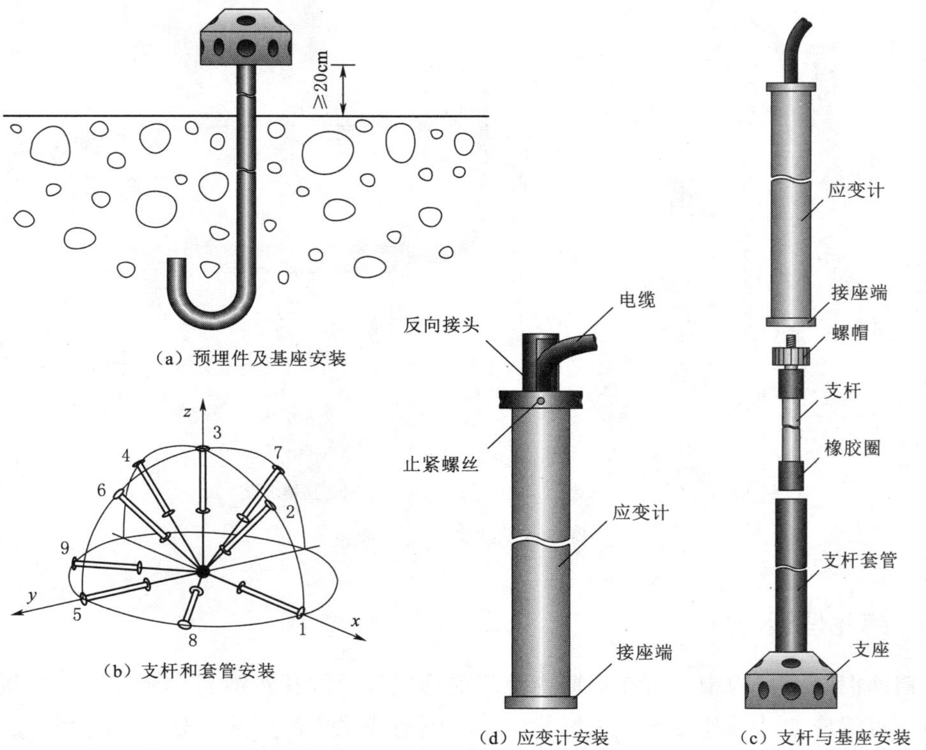

（a）预埋件及基座安装

（b）支杆和套管安装

（d）应变计安装

（c）支杆与基座安装

图 7.3 应变计组埋设

(5) 将接好仪器的支杆插入支杆套筒内，借助支杆两端的橡胶圈保证支杆的方向和位置稳定。

(6) 按设计编号安装好相应的应变计，应严格控制应变计的安装方向，埋设仪器的角度误差应不超过1°［图7.3（d）］。定位后将仪器电缆捆扎一起，并按设计去向引到临时或永久观测站。

(7) 仪器周围的混凝土，应剔除粒径大于8cm的骨料，从周围慢慢倒入仪器附近，并用人工方法捣实。

7.6.4 基岩应变计的安装埋设

(1) 钻孔埋设［图7.4（a）］。采用钻孔埋设，钻孔的孔径为ϕ75～ϕ90mm，孔深根据设计要求确定。孔内应冲洗干净，排除积水，仪器应位于埋设孔中心，其方向误差应不超过±1°。埋设时应采用膨胀水泥砂浆（或微缩水泥砂浆）填孔。为防止水泥砂浆对仪器变形的影响，应在仪器中间嵌一层2mm厚的橡皮或油毛毡。

(2) 凿槽埋设［图7.4（b）］。采用凿槽埋设时，开槽的尺寸为500mm×200mm×200mm。仪器安装定位的方向误差应不超过±1°。埋设时应将槽坑清洗干净，采用膨胀水泥砂浆（或微缩水泥砂浆）铺填。为了防止砂浆对仪器变形的影响，应在仪器中嵌一层2mm厚的橡皮或油毛毡。

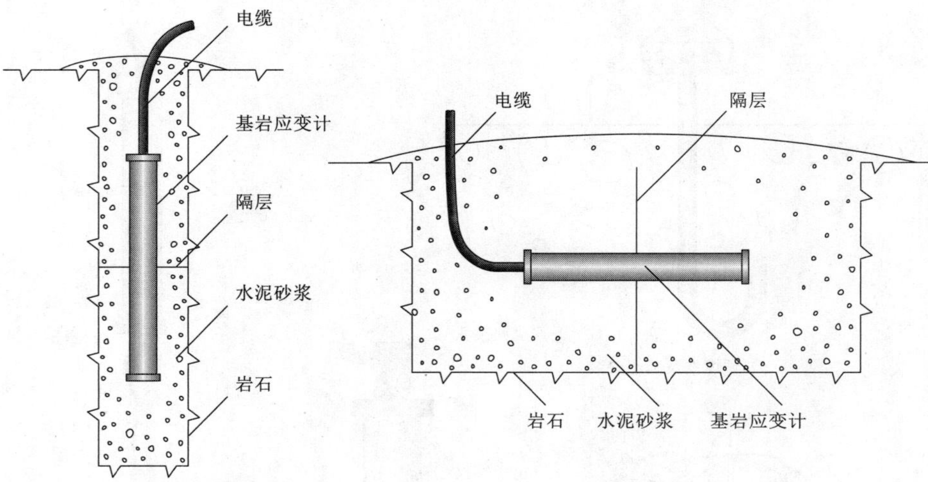

(a) 钻孔埋设　　(b) 凿槽埋设

图7.4 基岩应变计埋设

7.6.5 绑扎埋设

在钢筋混凝土结构中，可在混凝土浇筑前将应变计绑扎在钢筋构架之上；在预应力混凝土中，可将应变计绑扎在预应力锚索上。在钢筋或锚索的捆扎点处，应先缠一道减震的橡胶带或微孔塑料。绑扎在一根钢筋（或锚索）上时需加垫块，绑扎在两根钢筋之间则用细钢筋支承。绑扎安装时应确保应变计的方向偏差不应大于1°。应变计的绑扎埋设如

图 7.5 所示。

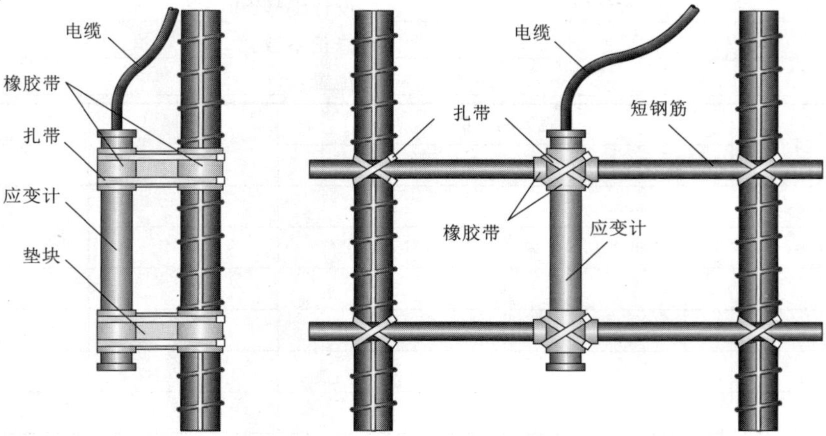

图 7.5 应变计的绑扎埋设图

7.7 基准值观测

受混凝土水化热影响的应变计，在混凝土浇筑后 48h 内加密测次，间隔时间为 2～4h，当最后连续 3 次的前后测值之差小于仪器额定输出的 1%时，以 3 次测值的算术平均值作为起始值，或以应变计混凝土浇筑 24h 后的第一次测值作为起始值。

7.8 数据处理

7.8.1 数据计算

$$\varepsilon=G\times(R-R_0)+K\times(T-T_0) \tag{7.1}$$

式中 ε——被测混凝土的应变量；

G——应变系数，$\mu\varepsilon$/Digit；

T_0——温度的基准值，℃。

T——实测温度，℃：

R——实测频率模数，$Hz^2\times10^{-3}$；

R_0——当前频率模数，$Hz^2\times10^{-3}$；

K——温度修正系数，$\mu\varepsilon$/℃。

应变计观测记录表见表 7.1。

7.8.2 过程线绘制

以观测时间为横坐标，测点应变为纵坐标绘制测值随时间变化的过程线。应变-时间过程曲线如图 7.6 所示。

表 7.1　　　　**应 变 计 观 测 记 录 表**

项目名称：______________________________

传感器编号：______________　设计编号：______________

应变系数：______________　修正系数：______________

安装高程：______________　位置：______________

观 测 时 间	观　测　值		微 应 变	备　　注
	模数/($Hz^2 \times 10^{-3}$)	温度/℃		
2021-11-20 8:20	658.2	16		
2021-11-20 9:20	650.1	15.8		

观测：　　　　　记录：　　　　　计算：　　　　　校核：

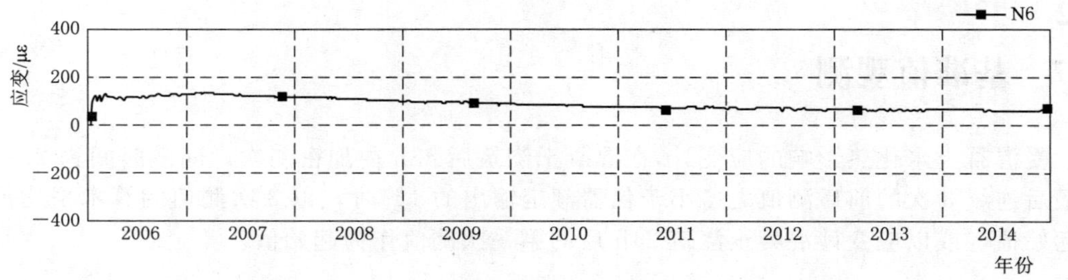

图 7.6　应变-时间过程曲线图

项目8 土压力监测（土压力计）

8.1 工作目标

适用于长期测量土石坝、防波堤、护岸、码头岸壁、高层建筑、管道基础、桥墩、挡土墙、隧道、地铁、机场、公路、铁路、防渗墙结构等建筑基础所受土体的压应力，是了解土体对土中构筑物压应力变化量的有效监测设备，并可同步测量埋设点的温度。

8.2 工作仪器

土压力计主要由进油管、液压油、承压板、传压管、张紧钢弦、电磁线圈、电缆等组成。土压力计结构示意图如图 8.1 所示。

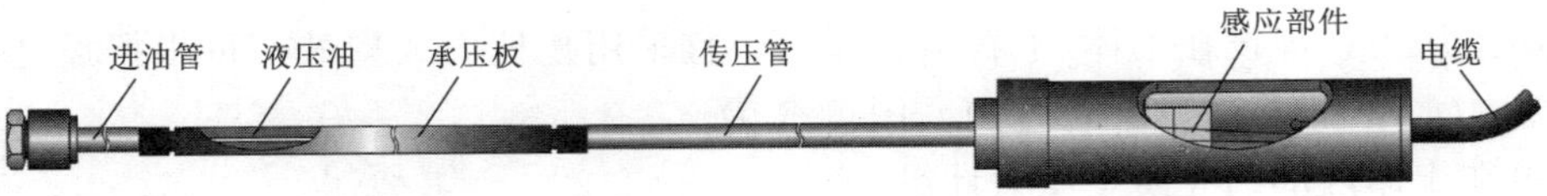

图 8.1 土压力计结构示意图

8.3 工作原理

埋设于土体内的土压力计，土体压力通过压力盒内液体感应并传递给压力传感器，使仪器钢丝的张力发生改变，通过测量张力的变化即可计算得到土体的压应力值。由仪器中的热敏电阻可同步测出埋设点的温度值。振弦式土压力计如图 8.2 所示。

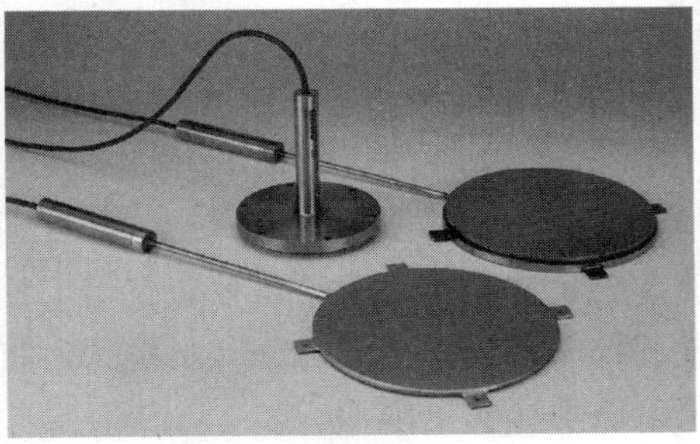

图 8.2 振弦式土压力计

8.4　工作依据

SL 601—2013《混凝土坝安全监测技术规范》
SL 551—2012《土石坝安全监测技术规范》
SL 725—2016《水利水电工程安全监测设计规范》

8.5　工作准备

(1) 严格按规定的程序和方法，进行仪器设备的安装和埋设。

(2) 在施工过程中，所有仪器或电缆接头按要求进行保护、标识。

(3) 安装位置、方向应和图纸要求的一致。

(4) 仪器编号应能区分仪器类型、埋设位置，力求简单明了，并与设计布置图一致；编号标注在电缆端头与二次仪表连接处附近。

(5) 对施工期较长的项目，施工期仪器电缆至少加上 3 个耐久的、防水的标签，编号必须清晰、准确可靠，便于长期保留。

8.6　工作方法

介质土压力计埋设在土体、土石填筑体内，宜采用挖坑方式安装，可根据设计要求埋设成垂直、水平和倾斜等不同方向。图 8.3 为挖坑埋设在土体内部的介质土压力计组。

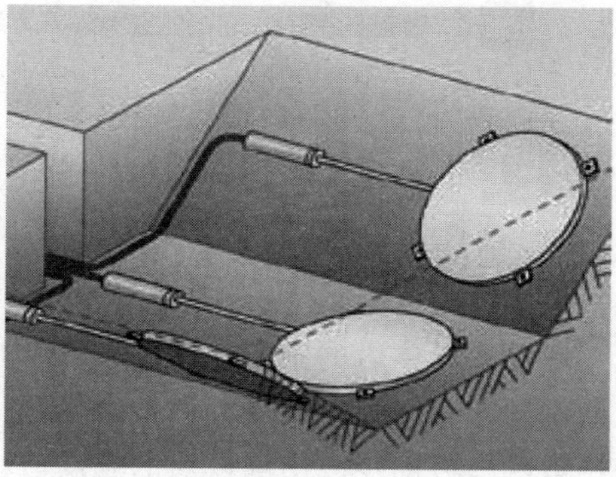

图 8.3　介质土压力计安装

8.6.1　埋设坑开挖

土石填筑过程中的压应力计宜采用坑式埋设法。当填方高程超过埋设高程至某预计高度（土方为 1.0～1.2m，石方为 1.2～1.5m）时，在测点位置挖坑至埋设高程，坑底长宽约为 1.0m×1.0m。

在埋设坑底制备仪器埋设平面，剔除坑底粒径大于 5mm 粗粒料，基面需人工找平也可整体或局部回填约 3cm 厚潮湿的均匀中细砂找平。制备后的基面应平整、土体均匀、密实。

8.6.2　土压力计安装

(1) 将土压力计水平放置于坑底，并用水平尺校正仪器，使其保持水平。

(2) 在埋设坑底、坑壁开挖截面约为 5cm×5cm 电缆沟，将压力计电缆穿 20mmPVC 管埋入电缆沟后引出至坑顶后回填压实电缆沟。

(3) 用筛网筛去直径大于 5mm 的开挖粗粒料后回填，每次回填深度约 20cm，回填后人工夯实。人力打夯前应将填土初步整平，打夯要按一定方向进行，一夯压半夯，夯夯相连，行行相连，两遍纵横交错，分层夯打。

（4）土压力计及其电缆上的人工回填土料超过1m，方可恢复采用正常的施工碾压设备。

8.7 基准值观测

取埋设坑内仪器回填前的频率模数和温度（建议测读3次，3次测值偏差应小于1个字）作为零负载时的初始读数，这也是仪器在空载状态下的初始读数。

8.8 数据处理

8.8.1 数据计算

$$P=G\times(R-R_0)+K\times(T-T_0) \tag{8.1}$$

式中 P——被测结构物钢筋所受压力值，MPa；

G——压力计仪器系数，MPa/Digit；

R——当前模数，$Hz^2\times10^{-3}$；

R_0——安装初始模数，$Hz^2\times10^{-3}$；

T——当前温度，℃；

T_0——初始温度，℃；

K——温度修正系数，MPa/℃。

土压力计观测记录表见表8.1。

表8.1　土压力计观测记录表

项目名称：

传感器编号：　　　　设计编号：

直线系数：　　　　温度系数：

安装高程：　　　　位置：

观测时间	观测值		土压力/kPa	备注
	模数/($Hz^2\times10^{-3}$)	温度/℃		
2021-11-20 8：20		16		
2021-11-20 9：20		15.8		

观测：　　　　记录：　　　　计算：　　　　校核：

8.8.2　绘制过程线

以观测日期为横坐标，应为纵坐标绘制测值随时间变化的过程线。土压力计过程曲线如图 8.4 所示。

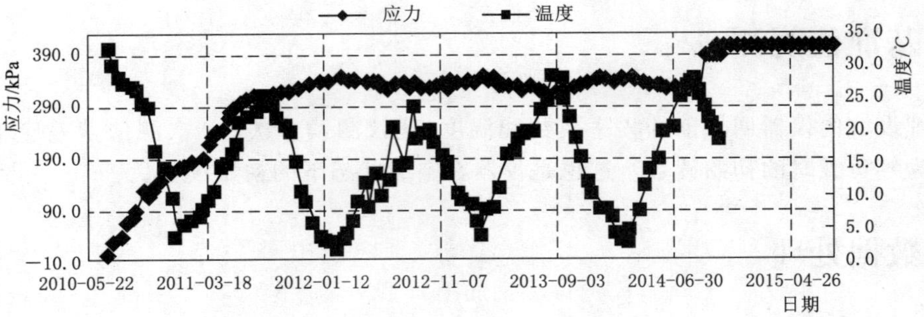

图 8.4　土压力计过程曲线图

项目9　钢筋应力监测（钢筋计）

9.1　工作目标

钢筋混凝土结构物内钢筋的实际受力状态，通常采用钢筋计来观测。将钢筋计的两端焊接或螺纹套管连接在直径相同的待测钢筋上，直接埋设安装在混凝土内，通过钢筋计即可确定钢筋受到的应力。

9.2　工作仪器

弦式钢筋计主要由两端连接杆(螺纹钢或圆钢)、热缩管、张紧钢弦、电磁线圈、压紧接头、电缆等组成，其中，钢筋计的敏感部件为一振弦式应变计。钢筋计结构示意图如图9.1所示。

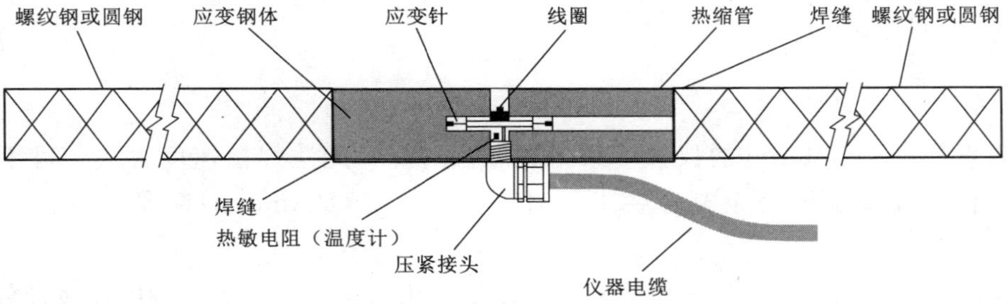

图 9.1　钢筋计结构示意图

9.3　工作原理

将钢筋计与所要测量的钢筋采用焊接或螺纹方式连接在一起，当钢筋所受的应力发生变化时，振弦式应变计输出的信号频率发生变化。电磁线圈激拨振弦并测量其振动频率，频率信号经电缆传输至读数装置或数据采集系统，再经换算即可得到钢筋应力的变化。同时由钢筋计中的热敏电阻可同步测出埋设点的温度值。振弦式钢筋应力计如图9.2所示。

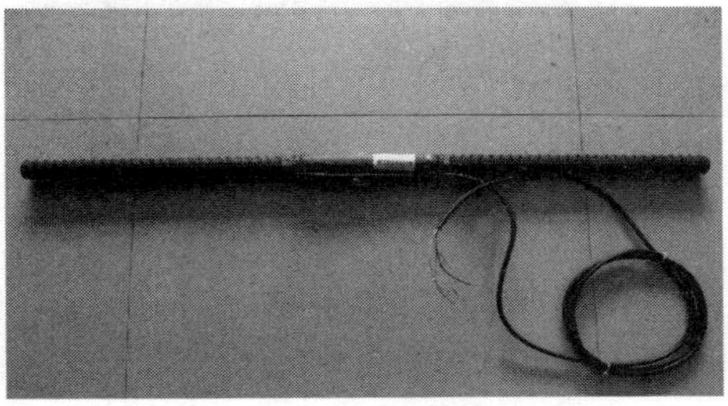

图9.2　振弦式钢筋应力计

9.4 工作依据

SL 601—2013《混凝土坝安全监测技术规范》

SL 551—2012《土石坝安全监测技术规范》

SL 725—2016《水利水电工程安全监测设计规范》

9.5 工作准备

（1）根据图纸位置，选择受力主筋，切断钢筋，切断长度应根据仪器长度和搭接要求确定。

（2）钢筋计与钢筋连接时应尽量保持在同一轴线上，当钢筋为弧形时，其曲率半径应大于2m，并须保证钢筋计的钢套不受弯曲。

（3）按钢筋直径选配相应规格的钢筋计，将钢筋计表面的铁锈除尽。钢筋计的量程应与所监测受力钢筋的极限抗拉强度相匹配，直径一致。

9.6 工作方法

按钢筋直径选配相应的钢筋计，如果规格不符合，应选择尽量接近于结构钢筋直径的钢筋计。

9.6.1 对焊

一般直径小于ϕ28mm的仪器可采用对焊机对焊，此法焊接速度很快，可不必做降温冷却工作，焊接强度完全符合要求。对于直径大于ϕ28mm的钢筋，不宜采用对焊焊接。

焊接时应将钢筋与钢筋计中心线对正，之后采用对接法把仪器两端的连接杆分别与钢筋焊接在一起。钢筋与钢筋计对焊连接如图9.3所示。

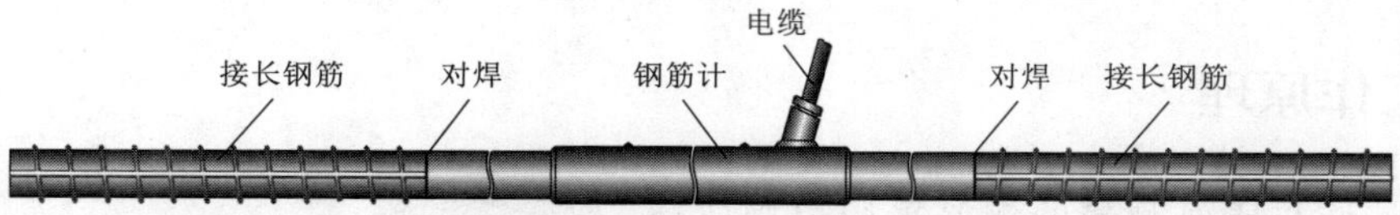

图9.3 钢筋与钢筋计对焊连接

9.6.2 熔槽焊

将仪器与焊接钢筋两端头部削成斜坡45°～60°。用略大于钢筋直径的角钢，长30cm，摆正仪器与钢筋在同一中心线上，不得有弯斜现象，焊接应用优质焊条，焊层应均匀，焊一层即用小锤打去焊渣，这样层层焊接到略高出为止。

为了避免焊接时温升过高而损伤仪器，焊接时仪器要包上湿棉纱并不断浇上冷水，焊接过程中仪器测出的温度应低于60℃。为防止仪器温度过高，可以用停停焊焊的办法，焊接处不得洒水冷却，以免焊层变硬脆。钢筋与钢筋计熔槽焊连接如图9.4所示。

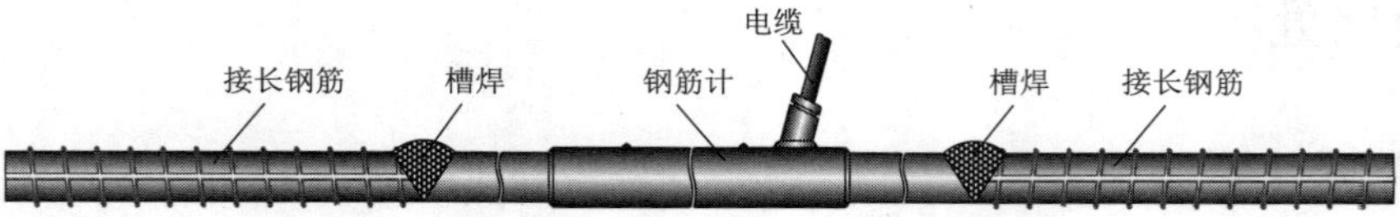

图9.4 钢筋与钢筋计熔槽焊连接

9.6.3 帮条焊

采用帮条焊接时，为确保钢筋计沿轴心受力，不仅要求钢筋与钢筋计连接杆应沿中心线对正，而且要求采用对称的双帮条焊接，帮条的截面积应为结构钢筋的1.5倍，帮条与结构钢筋和连接杆的搭接长度均应为5倍钢筋直径，并应采用双面焊。

同样，为了避免焊接时温升过高而损伤仪器，焊接时，仪器要包上湿棉纱并不断浇上冷水，焊接过程中仪器测出的温度应低于60℃。为防止仪器温度过高，可以用停停焊焊的办法，焊接处不得洒水冷却，以免焊层变硬脆。帮条焊处断面较大，为减少附加应力的干扰，宜涂沥青，包扎麻布，使之与混凝土脱开。钢筋与钢筋计帮条焊连接如图9.5所示。

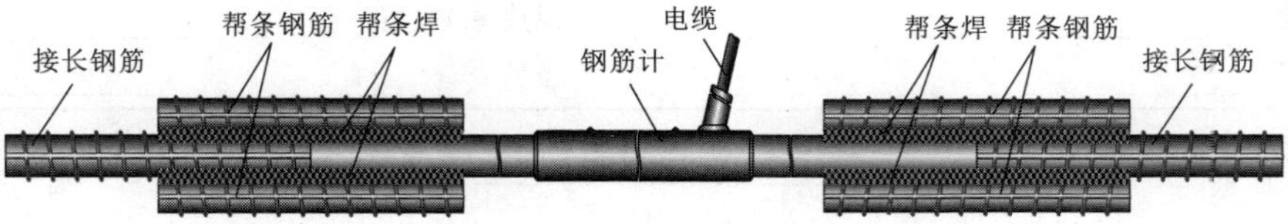

图9.5 钢筋与钢筋计帮条焊连接

9.6.4 螺纹连接

采用螺纹连接接长钢筋计可减少现场焊接工作量和施工干扰，要求钢筋计的连接杆和结构钢筋的连接头均应加工成相同直径的阳螺纹，并配以带阴螺纹的套管，可在现场直接安装。钢筋与钢筋计螺纹连接如图9.6所示。

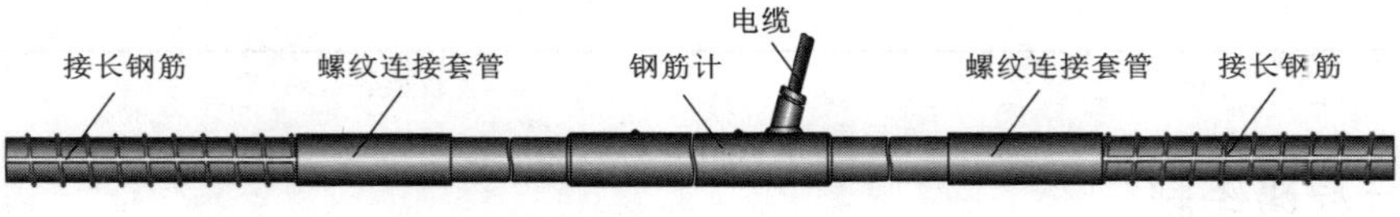

图9.6 钢筋与钢筋计螺纹连接

9.7　基准值测定

钢筋计一般选择埋后水泥水化热稳定后或混凝土终凝后连续稳定测值为基准值。

9.8　数据处理

9.8.1　数据计算

$$\sigma = G \times (R - R_0) + K \times (T - T_0) \tag{9.1}$$

式中　σ——被测结构物钢筋所受的应力值，MPa；

G——钢筋计的仪器系数，MPa/Digit；

R——当前模数，$Hz^2 \times 10^{-3}$；

R_0——安装初始模数，$Hz^2 \times 10^{-3}$；

T——当前温度，℃；

T_0——初始温度，℃；

K——温度修正系数，MPa/℃。

钢筋计观测记录表见表 9.1。

表9.1　　**钢筋计观测记录表**

项目名称：

传感器编号：　　　　设计编号：

直线系数：　　　　温度系数：

安装高程：　　　　位置：

观测时间	观测值		应力/kPa	备注
	模数/($Hz^2 \times 10^{-3}$)	温度/℃		
2021-11-25 11:10	3765.4	16		
2021-11-23 13:20	3743.5	15.8		

观测：　　　　记录：　　　　校核：

9.8.2　过程线绘制

以观测日期为横坐标，钢筋应力为纵坐标绘制测值随时间变化的过程线。应力-时间过程曲线如图 9.7 所示。

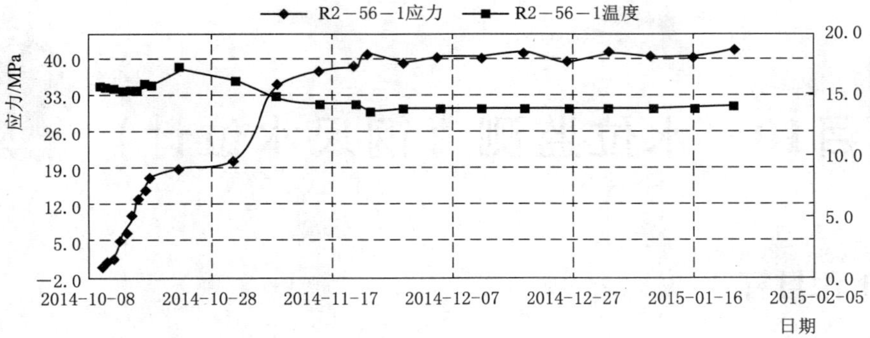

图 9.7 应力-时间过程曲线图

项目10　水位监测（钢尺水位计）

10.1　工作目标

用于测量井、钻孔及水位管中的水位，特别适合于水电工程中地下水位的观测或土石坝的坝体浸润线的人工巡检。

10.2　工作仪器

地下材料埋入部分，由水位管和底盖组成；地面接收仪器——钢尺水位计，由测头、两芯刻度标尺、卷筒、支架、指示器等组成。钢尺水位计结构示意图如图10.1所示。

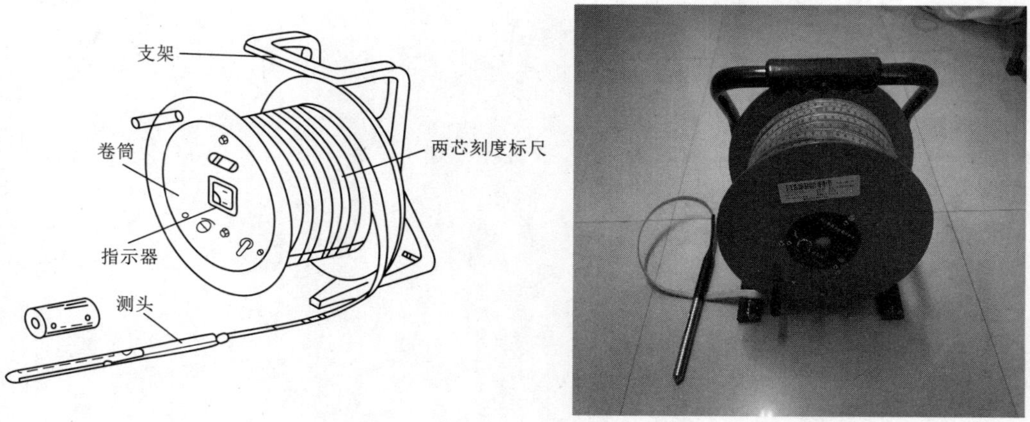

图10.1　钢尺水位计结构示意图

10.3　工作原理

钢尺水位计测头部分内部安装了水阻接触点，当触点接触到水面时，便会接通接收系统，接收系统部分音蜂鸣器发出连续不断的蜂鸣声响，峰值指示为电压表指针指示，当触点离开水面时，就会自动关闭接收系统。钢尺水位计如图10.2所示。

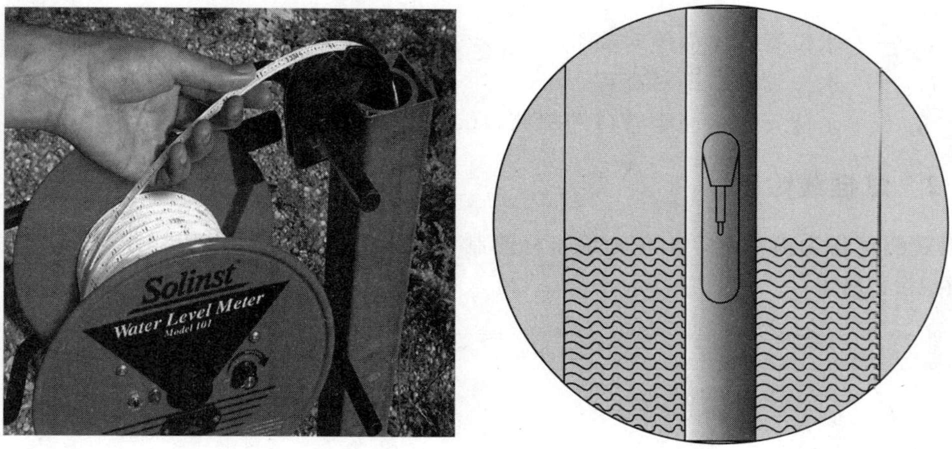

图 10.2 钢尺水位计

10.4 工作依据

SL 601—2013《混凝土坝安全监测技术规范》
SL 551—2012《土石坝安全监测技术规范》
SL 725—2016《水利水电工程安全监测设计规范》

10.5 工作方法

测量时，拧松绕线盘后面的止紧螺丝，让绕线盘自由转动后，按下电源按钮（电源指示灯亮），把测头放入水位管内，手拿钢尺电缆，让测头缓慢地向下移动，当测头的触点接触到水面时，接收系统的音响器便会发出连续不断的蜂鸣声，此时读写出钢尺电缆在管口处的深处的深度尺寸，即为地下水位离管口的距离。

若是在噪声比较大的环境中测量时，蜂鸣声听不见，可改用峰值指示，只要把仪器面板上的选择开关拨至电压挡即可，测量方法同上，此时的测时精度与音响测得的精度相同。

在测读时必须注意：当测头的触点接触到水面时，音响器会发出声音，或电压表立即会有指示，此时应缓慢地收放钢尺电缆，以便仔细地寻找到发音或指示瞬间的确切位置后读出该点距孔口的深度尺寸。

10.6 数据处理

10.6.1 数据计算

水位管内水面应以绝对高程表示，计算式如下：

$$D_S = H_S - h_S \tag{10.1}$$

式中　D_S——水位管内水面绝对高程，m；

H_S——水位管管口绝对高程，m；

h_S——水位管内水面距管口的距离，m。

10.6.2　过程线绘制

以观测年份为横坐标，水位为纵坐标绘制测值随时间变化的过程线水位-时间过程曲线如图 10.3 所示。

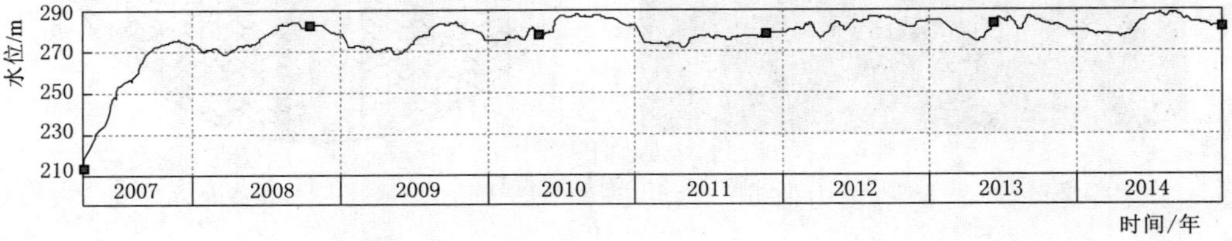

图 10.3　水位-时间过程曲线图

项目11　渗透压力监测（渗压计）

11.1　工作目标

用于监测岩土工程和其他建筑物的渗透水压力，适用于长期埋设在水工建筑物或其他建筑物内部及其基础，测量结构物内部及基础的渗透水压力，以及水库水位或边坡地下水位的测量。也可用于孔隙水压力监测，所以渗压计也称为孔隙水压力计。

11.2　工作仪器

振弦式渗压计主要由透水石、透水座、承压膜片、张紧钢弦、电磁圈、内密封、传感器壳和电缆等组成。振弦式渗压计结构示意图如图 11.1 所示

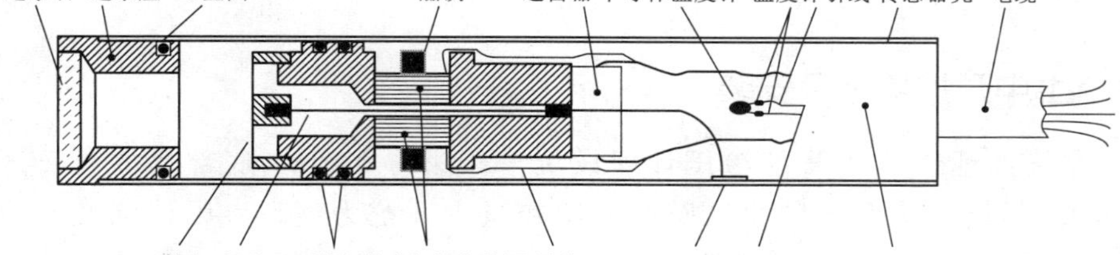

图 11.1　振弦式渗压计结构示意图

11.3　工作原理

当水压力经透水石传递至仪器内腔作用到承压膜，承压膜连带传感元件一同变形，即可把液体压力转化为等同的电信号测量出来。通过预先率定仪器参数即可计算出渗透压力。振弦式渗压计如图 11.2 所示。

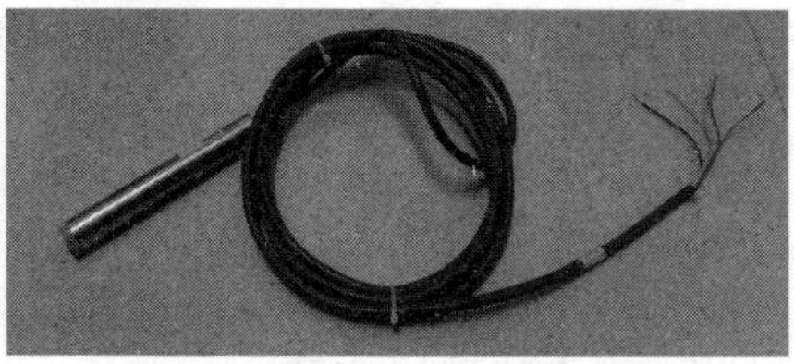

图 11.2　振弦式渗压计

11.4　工作依据

SL 601—2013《混凝土坝安全监测技术规范》
SL 551—2012《土石坝安全监测技术规范》
SL 725—2016《水利水电工程安全监测设计规范》

11.5　工作准备

（1）防锈处理。取下仪器前端的透水石，在钢膜片上涂一层黄油或凡士林防止生锈。

（2）预饱和处理。埋设前将装有渗压计的沙袋放入盛满净水的容器中，饱水 24h 以上使其达到饱和状态，以排除孔隙中的气泡。提至水面，测记零压状态下的读数。

（3）保护沙袋的加工。采用无纺土工布加工反滤砂袋，直径一般约为 10cm（视仪器直径、钻孔直径、测压管管径确定），将渗压计放入装满细沙的沙袋中，并用 4mm×280mm 扎带或扎丝将孔口绑扎。

（4）安装埋设前应使渗压计及其反滤砂包保持为饱和状态。

11.6　工作方法

11.6.1　土中开挖坑槽及安装

（1）在仪器埋设位置开挖渗压计埋设坑槽，深约 0.4m，底部尺寸（长×宽）为 30cm×30cm 的坑；其平面尺寸以操作方便和减少开挖为度。渗压计坑槽安装埋设如图 11.3 所示。

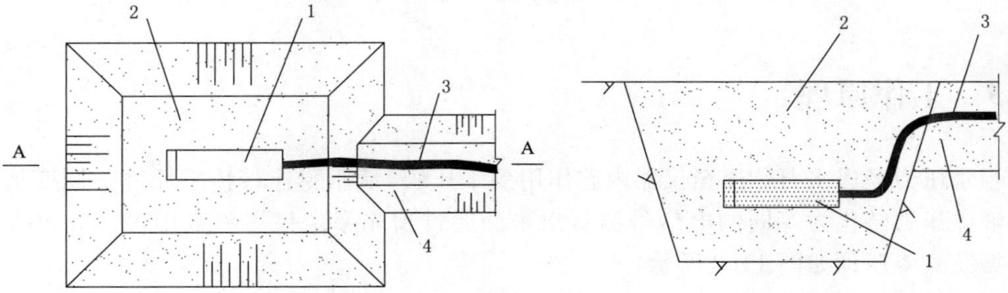

（a）平面图　　（b）A—A剖面图

图 11.3　渗压计坑槽安装埋设图

1—渗压计；2—坑槽；3—电缆线；4—电缆线槽

（2）在坑底铺约 10cm 厚的干净中粗砂，放入包裹细砂反滤料的渗压计，渗压计应平卧放入，再覆盖 20cm 的中粗砂，浇水使砂层饱和。

(3) 用原填筑料分层回填，并用木槌分层击实。回填压实密度和含水量应与坝体设计一致。

(4) 仪器和电缆的回填土在 120cm 以内时，用人工或轻型机械进行压实；填土厚在 120～200cm 时，可用静碾压实；填土超过 200cm 时，可进行正常碾压施工。

11.6.2 在现浇混凝土内埋设

在现浇混凝土内埋设渗压计，通常埋设在采用分层浇筑施工时的混凝土块施工缝上，主要用于监测在库水作用下，沿混凝土施工缝的渗透水压力。在混凝土中安装埋设渗压计示意图如图 11.4 所示。

(1) 在先浇筑的混凝土块层面上的测点处预留一个直径 20cm、深 30cm 的孔。

(2) 在上层混凝土浇筑前，将装有渗压计的反滤砂包放入孔中，孔内填满饱和细砂，孔口加一盖板。

(3) 理顺电缆，引向测站，开始混凝土浇筑。

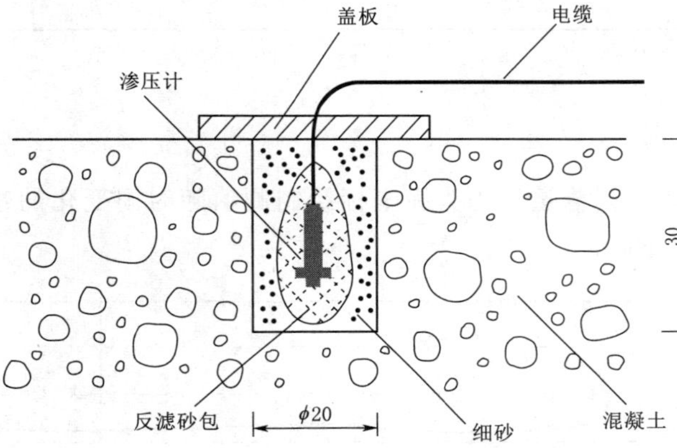

图 11.4 在混凝土中安装埋设渗压计示意图

11.7 数据处理

11.7.1 数据计算

$$P_t = G \times (R_0 - R_t) + K \times (T_t - T_0) \tag{11.1}$$

式中 P_t——t 时刻测量的渗压力，MPa；

G——仪器系数，MPa/Digit；

R_t——t 时刻仪器读数，$Hz^2 \times 10^{-3}$；

R_0——初始仪器读数，$Hz^2 \times 10^{-3}$；

K——温度系数，MPa/℃；

T_t——t 时刻温度读数，℃；

T_0——初始温度读数，℃。

渗压计观测记录表见表 11.1。

表 11.1　　渗压计观测记录表

项目名称：

传感器编号：　　　设计编号：

直线系数：　　　温度系数：

安装高程：　　　位置：

观测时间	观测值		压力/kPa	水位/m	备注
	模数/($Hz^2 \times 10^{-3}$)	温度/℃			
2018-11-20 8：20	8585.2	16			安装前
2018-11-20 9：20	8580.2	15.8			安装后

观测：　　记录：　　计算：　　校核：

11.7.2　过程线绘制

以观测日期为横坐标，渗透压力为纵坐标绘制测值随时间变化的过程线。压力-时间过程曲线如图 11.5 所示。

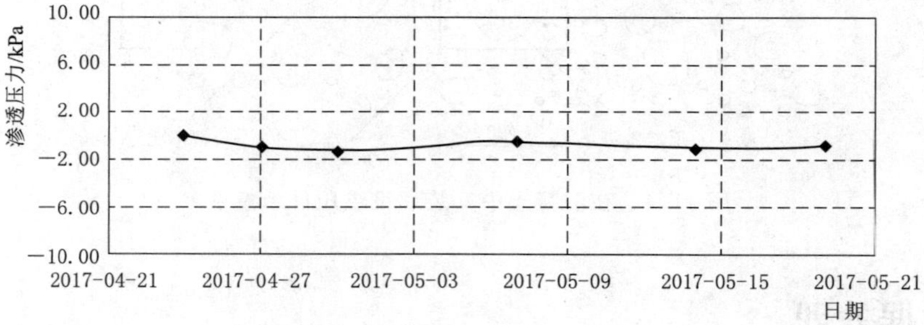

图 11.5　压力-时间过程曲线图

项目12　电缆线连接（热缩管法）

12.1　工作目标

监测仪器电缆是仪器的薄弱环节，因此在埋设安装前必须做好电缆的连接和检查工作，以保证电缆和接头质量。

12.2　工作仪器

热缩管(外套用 $\phi10\sim\phi18$mm、芯线用 $\phi3\sim\phi5$mm)、绝缘胶带、电烙铁、焊锡、松香、热风枪、万用表、剪刀、剥线钳、锉刀、电缆线等常用工具。接头连接设备如图 12.1 所示。

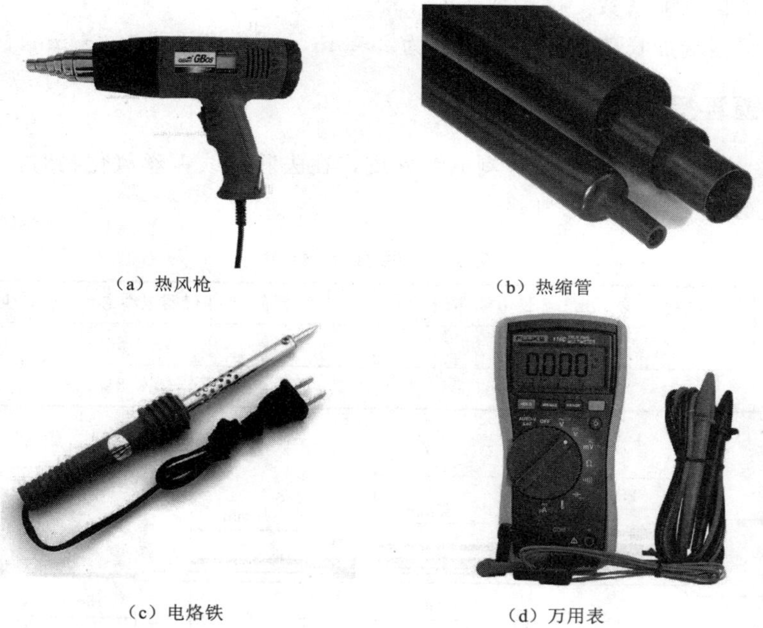

（a）热风枪　（b）热缩管　（c）电烙铁　（d）万用表

图 12.1　接头连接设备

12.3　工作原理

热缩套管具有优良的阻燃、绝缘性能，非常柔软有弹性，收缩温度低，收缩快，可广泛应用于电线的连接、电线端部处理、焊点保护、线束标识、电阻电容的绝缘保护、金属棒或管材的防腐蚀保护、天线的保护等。

12.4 工作方法

12.4.1 电缆绝缘检查

将需要接长的仪器屏蔽电缆用500V 万用表测量屏蔽线和芯线的绝缘电阻，测值应不小于 100MΩ。

12.4.2 电缆长度计算

每支仪器所需电缆长度应根据监测仪器布置图计算，考虑到水平和垂直牵引的曲率、过缝的需要以及观测站电缆引出端修整等要求，电缆计算长度应留出足够余量。电缆长度可按式（12.1）计算：

$$L = A \times L_0 + B \tag{12.1}$$

式中 L——接长电缆总长度，m；

L_0——仪器到观测站牵引路线总长度，m；

A——接长电缆系数，一般取 1.05；

B——观测端加长值，对坝内仪器为 2～3m，对基岩仪器为 3～5m。

12.4.3 电缆连接

（1）按表 12.1 和图 12.2 尺寸剥电缆外皮，在去除芯线铜丝氧化物时，不得折断芯线铜丝，芯线连接部位错开。

表 12.1 电缆芯线连接长度

芯线颜色	仪器电缆芯线/mm	接长电缆芯线/mm	芯线颜色	仪器电缆芯线/mm	接长电缆芯线/mm
红	25	85	绿	65	45
黑	45	65	白	85	25

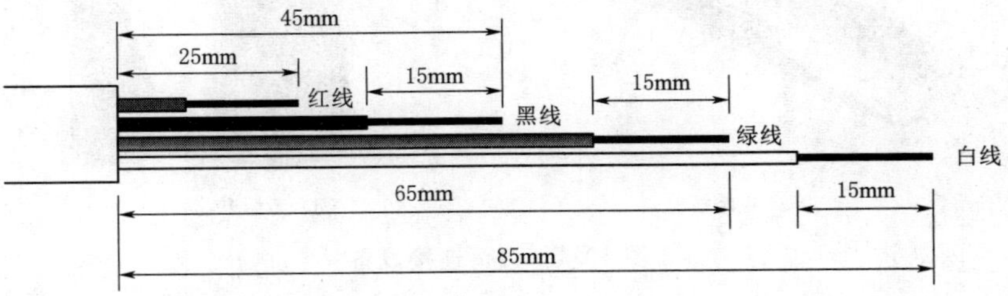

图 12.2 电缆芯线连接长度

（2）在要连接的电缆一端预先套上外层热缩套管两个，再在电缆的每根芯线的一端分别套上 ϕ3mm（屏蔽电缆）或 ϕ5mm（水工电缆）的小热缩套管。小热缩管长度应保证与芯线两端搭接长度不小于10mm，外层热缩管长度应保证与电缆外胶皮两端搭接长度不小于400mm。

(3) 将需要焊接的电缆芯线相互叉入搭接并拧紧，用锡和松香焊接。焊后检查芯线连接质量，不得有虚焊，使焊接部位表面光滑无毛刺，如有应锉平；屏蔽电缆线需焊接屏蔽线。热缩管法连接如图12.3所示。

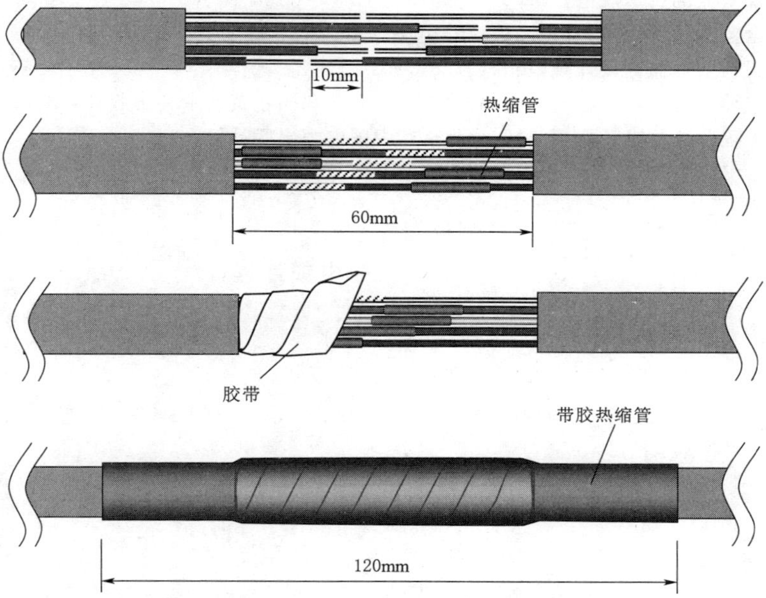

图12.3 热缩管法连接

(4) 芯线焊接完成后，将预先套好的小热缩管移至芯线处，用热风枪加温热缩，加热应从热缩管中部向两端均匀加热，排尽管内空气，使热缩管均匀收缩。

(5) 热缩套管连接要求锉毛电缆外套，将已连接好的芯线并在一起，拉长自粘胶带(或热熔胶带)从电缆端口外套处向芯线部位均匀缠绕，在芯线剥开部位缠绕厚度接近电缆外套时，在锉毛部位缠热熔胶带，套热缩管（步骤同上）热熔胶熔化并从热缩管两端溢出后，再套最外层热缩管热缩。

(6) 热缩套管连接好的接头进行检查，如果不合格切除重新连接。

参 考 文 献

[1] 混凝土坝安全监测技术规范：SL 601—2013 [S].

[2] 土石坝安全监测技术规范：SL 551—2012 [S].

[3] 水利水电工程安全监测设计规范：SL 725—2016 [S].

[4] 杨杰，李宗坤. 水工建筑物安全监测与控制 [M]. 郑州：黄河水利出版社，2012.

[5] 杨晓平. 工程监测技术及应用 [M]. 北京：中国电力出版社，2014.